非洲鸟类
BIRDS OF AFRICA

〔法〕弗朗索瓦·勒·瓦扬 著

武晓偲 译

北京理工大学出版社
BEIJING INSTITUTE OF TECHNOLOGY PRESS

我在斯瓦特科普斯河附近的金合欢花丛中找到了沙薮鹨，

从那儿一直到肯迪布都可以见到这种鸟儿；

在干燥、荒蛮的地区，

它们的歌声让我度过了一段愉悦的时光。

在一天的热气蒸烤后，

我疲惫地在幽深的苍穹下躺下，

在它们歌声的陪伴下，

度过了清新的夜晚，

充分体会着休息的美好！

这些鸟儿给我带来了太多欢乐。

———弗朗索瓦·勒·瓦扬

《非洲鸟类》导读
这本书能教给你观察的能力和对自然的热爱

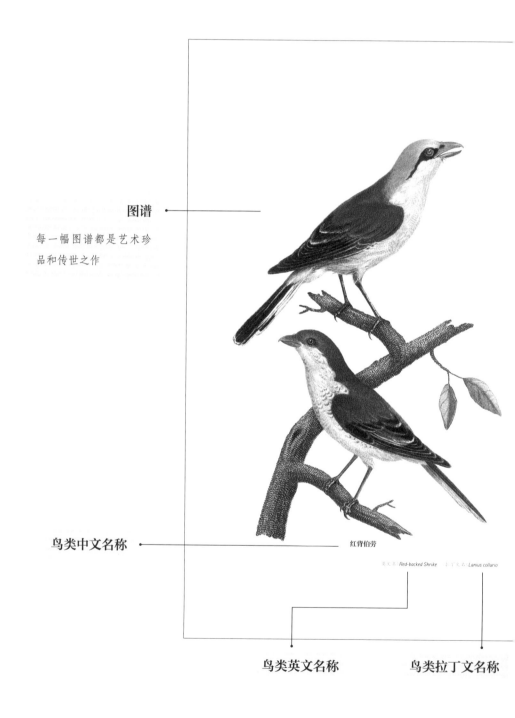

图谱 •——

每一幅图谱都是艺术珍
品和传世之作

鸟类中文名称 •———

红背伯劳

英文名 Red-backed Shrike   拉丁文名 Lanius collurio

鸟类英文名称   **鸟类拉丁文名称**

观察笔记

每一篇观察笔记都极其详尽，
是鸟类学著述的典范之作

红背伯劳

鸣禽／雀形目／伯劳科／伯劳属

鸟类的生态类群

分为猛禽、攀禽、鸣禽、陆禽、
涉禽和游禽6大类群

鸟类的目、科、属分类

这种小伯劳的体型和领伯劳相当，分布在整个欧洲，在非洲的一些地区也十分常见。这种伯劳的鸣声叽叽喳喳，并且总是栖息在树顶上，非常容易被发现。我在开普敦地区暂住期间，它们从未能从我的手下逃离过。我很高兴可以向读者展示我的雄鸟和雌鸟的图像，鸟类学家布里松准确地描述了这种小型欧洲伯劳，非洲的这一鸟儿颜色也完全一致。

这位自然学家几次将因为年龄段的不同和性别的变化形成的差异当成划分物种的特征，但这是可以被原谅的。因为在这一点上，每个人都可能出错。对于那些我们没能仔细考察过的各种鸟类尤其如此。的确，一些有经验的人熟悉这些鸟儿，因此很少弄错。但要达到这一点，就必须完全专心投入于捕猎，跑遍乡间，越过高山，进入森林，几乎要寸步不离地跟随这些一直在旅行的生物。但这种生存方式和辛苦的工作并不适合所有人和所有性格。此外还有一些人可能并没有意识到在大自然中观察的作用，仍认为观察的重要性较低，更不知道观察需要一丝不苟的认真和细心……

红背伯劳雌鸟比雄鸟小一点，头顶和颈后没有雄鸟一样的浅灰白色羽毛，但背部是完全一样的浅橙红棕色；胸部和肋部也是比雄鸟稍浅一点的漂亮粉色。第一次换羽期前，雄鸟和雌鸟看起来一模一样。

这种鸟儿在树中间靠近树干的树杈里筑巢。雌鸟产4~6枚卵，甚至常常只产3枚。

红背伯劳不是非洲的候鸟，我们在所有季节都能找到它。同样的，像布封说的那样，秋天它们也不离开法国。春天和夏天它们住在平原上，生活在几棵孤独的树上。接近冬天的时候，它们返回到树林边缘，那里通常有更多食物。在非洲，气温高得多，它们整年都找到生存所需，因此总是在一个地区生活。和在欧洲一样，它们主食昆虫，特别是它们的幼虫——毛毛虫。

正文部分

国内首次中文迻译，对学习
鸟类知识和自然观察有着极
大裨益

非洲鸟类

目录

CONTENTS

卷二 鸣禽（Ⅰ）

卷三 鸣禽（Ⅱ）

卷四　鸣禽（Ⅲ）

卷六　补录

前　言

　　我本不想在此为旅行中的鸟类写一篇前言，因为我已经在别的地方发表了一份类似内容的介绍；我总是怕给我做的一切加以过多的重要性，了解我的人都知道我是多么虚荣地想获得作家的名号——有同样多的人迷恋于此，可以牺牲他们的睡眠，甚至他们的白天。然而我对公众还有一些自信——要去单独给每一个人讲述的话，花费的时间太长——自从我被放到作家这个位置上，大量的痛苦纠缠着我，因此我需要一次性地以同样的方式向所有人讲述。

　　我在这个还很年轻的科学领域做了很多工作，而我收到的只有批评和辱骂，比我之前想象得还要多。我不是第一个抱怨人们的嫉妒和恶意的；但毫无疑问，我不会是最后一个必须在最卑鄙的欺诈、最明显的偷窃面前闭口不言的人，因此现在我不能不带着耻辱抱怨。

　　位高权重的人鼓励我、诱惑我，老实说，我曾经希望得到他们的认可。我抱怨，这很正常，因为我为了这门科学牺牲了所有的金钱和我的青春，它以前只是一门理论性科学。的确，我站在大作家们的对立面，站在陈列室里的研究的对立面，而没有人想徒劳无功。我也开放了一个自然历史陈列室，在里面放入大量的鸟，是我在非洲4 000个地方搜集的鸟。在如此大的城市里，所有的陌生人都可以评判我的工作，将我的观察与前人的作对比。这里面陈列了多种新品种或以前被描述得很糟糕的鸟，推翻了曾经的无知和谎言——我一向与无知和谎言战斗。10年来，它们从未停止过对我的攻击。我收到的唯一的尊敬——我的疲劳、我的努力、我的花费——就是一直在与它们作战。每次它们只要有机会，就会直接或间接地对我使坏，在我的道路上设下重重障碍。

　　法国大革命还没有开始的时候，政府决定奖励我6万本书和一份作为津贴的年金。这时，自由在法国诞生了。面对这份自由，我将我的个人兴趣放在一旁，将

1

我的问题搁置到以后。

　　制宪会议的时候，显然的，政府考虑到了我这件事。但由于我不支持他们的请求，尤其是没有位高权重的人保护我（因为他们需要那些真的想要成功的人），我很快被遗忘了。之后迟来的立法会议差不多解决了这个问题，但这个会议也在公平性上睁一只眼闭一只眼。总之，制宪议会更加有权利并直接进行操作，他们似乎想要修复一切：教育委员会的大多数成员见过我的陈列室；为了参观还指派了专员；甚至临时艺术委员会也因此而得名。

　　理查德和拉马克对此做了一份报告；总之，他们寻找所有办法买下我的收藏。

　　但也许有更有趣的事情可忙，他们忘记了我的收藏。在写了一封信给教育委员会提醒他们之后，他们和我谈论了我的陈列室的估价：一只一只地为我收藏中的鸟估价！收藏花了我30年的工作时间，其中5年在非洲炽热的沙漠中，为了这个收藏我甚至不要求1/20的价值……尽管时过境迁，但是在1795年，我仍然只要求得到1789年他们打算给我的数目。最后，即使这不是一笔大数目，它也仅仅留在了政府里面，没有得到兑现。我仍用一己之力照料着我的陈列室，而它很可能将被运往国外，或一点一点地被卖掉，因为我没有足够的钱维持。

　　在发表《非洲鸟类》时，我认为我的工作对鸟类学很有帮助，我列举了所有罕见的、没有被描述过的、在欧洲其他陈列室里找到的种类。每次我都会说明这些收藏的种类来源地。

BIRDS OF AFRICA
VOLUME I
RAPTORES

卷 一

猛 禽

猛雕

英文名 | *Martial Eagle*　　拉丁文名 | *Polemaetus bellicosus*

猛雕

猛禽／鹰形目／鹰科／猛雕属

自然学者们根据动物身体各部分的比例来区分不同种类。动物的外形决定它们的能力和生活习性，而颜色有时只是附加特征。对于数量众多的猛禽来说情况尤为如此，它们在不同的生命阶段羽毛的颜色都会发生变化。外形不仅是从物理角度将不同的动物区分开来的依据，同样与外形相适应的还有迥异多变的生命功能和性情特征。

非洲的这种鹰，我在此命名为猛雕，区别于同种类的鸟，它有着卓越的勇气、力量和嗜血成性的利器。猛雕的体型和金雕体型相当，却有着更长的腿、更紧实的腿部肌肉和更强大的抓握力。这些特征使这一物种在身处其他鹰群之中时一眼就能够被认出来。在飞行着捕猎四足动物时，它们低垂的腿也是一个鲜明的特征。

猛雕通常以各种幼年瞪羚和野兔为食。在捕猎时，它们会猛扑向瞪羚，轻松地杀死猎物。它们所厌恶的其他大型鸟类掠食者出现时，猛雕会展示大自然赋予它们的力量，它们无所畏惧的勇气会让敌人敬而远之。只要一看见其他的捕食者，猛雕就会展开追逐阻击，凶猛地与它们战斗，逼着它们逃走，它不能忍受另外一只鸟类掠食者在自己的狩猎区中争夺食物。

猛雕捕食时，一群秃鹫或乌鸦常常会闻风而来，躲在远处窥探，企图伺机抢食猛雕进食后抛下的残羹冷炙。当猛雕擒获猎物并且英武而骄傲地落在它的猎物上进食时，这一食腐动物军团总是噤若寒蝉地在远处等待着。

我们通常能看到雄性猛雕陪伴在雌雕身边，它们极少分开，也不会离开它们固定的活动区域。它们在最高的树冠上或难以接近的陡峭岩石之间筑巢，猛雕的巢不像其他鸟巢那样内部是凹陷的，反而平得像地板一样。猛雕的巢非常坚固，可以承受一个成年男人的体重而不会被压塌，并且可以使用很多年。这个鸟巢基部由很多长度相当粗硬的树枝建起，合理地利用了树杈间隙摆放，其上是一些从各个方向缠绕在一起的柔嫩小树枝和大量细小的嫩枝、苔藓、枯叶和欧石楠。若是在它们的栖息地附近能轻易地采集一些百合科植物或者芦苇的叶子,这些花花草草也会成为筑巢材料。最后是一些小片的木材。雌性猛雕就在这丝毫算不上柔软的巢穴中产卵。这个巢的直径有108～135毫米,厚度为54毫米,形状是不规则的。一对猛雕会连续多年在这样的一个鸟巢中产卵育雏。若是没有任何危险迫使它们远离,一对鸟儿甚至一生都在同一个鸟巢中孵育下一代。

在看到一大堆不同的四足动物被风霜逐渐侵蚀的骸骨之后,我步行在不远处找到了一棵非常高的树,上面有一个鸟巢。一些外巢各层的筑巢材料出现在了那些动物骸骨之中。我们应该可以计算这个鸟巢的年限,推算出从一个家庭建立后,这个巢被修复了多少次。

当附近没有合适的树木的时候,猛雕会将巢安置在岩石之间。既然苔藓床直接可以建在石头上,在树上那样烦琐的筑巢工序就没有意义了。不过猛雕总是被产在小碎木片和木屑上而不是更柔软的材料上。

我观察到猛雕喜欢选择一棵孤立的树作为它的家,因为它非常多疑,喜欢一目了然的环境。在岩石中间,它产的卵更加裸露,会成为很多小型食肉动物的猎物,因为它们体型更小,就更需要防范。同样,在人类中间,虚弱的敌人和懦夫有时是最危险的。

雌性猛雕会产下2枚近似球形的卵。这些卵通体为白色,直径比81毫米还多。雌性猛雕在孵卵时,雄雕会为整个家庭猎食。到了雏鹰可以独自待在鸟巢中时,为了勉强满足两只小雕巨大的胃口,雌雄猛雕就不得不一起去捕猎了。长得越大,幼鸟需要的食物就越多。霍屯督人告诉我,在差不多两个月的时间里,他们每天都会从他们的邻居——两只猛雕——的巢中窃取食物。我毫不怀疑地相信了他们,我自己圈养了一只猛雕一段时间,只拔掉了它翅膀尖端的羽毛。它整整三天完全不想进食,不过一旦它习惯了获取食物,我们就无法再满足它。它会贪婪地吞下差不多2千克重的整段的肉,而且它从不会拒绝任何到口的食物,哪怕它的嗉囊有时已经填满,它不得不吐出一部分才能继续进食。它会吃掉所有符合它口味的肉,甚至是另一只猛禽。它曾经吃掉了我解剖的另一只猛雕的内脏。

猛雕休息的时候,我们从很远的地方就能频繁地听到尖利刺耳的叫声,有时这些鸣叫声听起来嘶哑而凄凉。它们在一个惊人的高度飞翔,我们常常可以听到它们的声音但观察不到它们的身影。

我们在大纳玛夸兰人的国度遇到了猛雕。在南纬28°的奥兰治河河岸上，我看到第一对猛雕。我从帐篷出发走了12千米多，把这两只猛禽都打了下来，前后略微相隔一段距离。把它们背回营地令我筋疲力尽。它们的重量有50~60千克。向南回归线旅行的时候，我经常见到同类的鸟儿；由于从未在阿玛科萨人的地区见到它们，我想它们的分布区域大约固定在南纬28°和南回归线之间，也许在所有炎热的地区；总之，在所有没有白人居住的非洲地区。有可能从前这一物种广泛栖息在一直到好望角的所有地区，但随着移民们开垦土地，向沙漠渗透，这些猛禽在很久之前就从这些地方消失了。就像该地区的所有大型动物一样，它们也需要一片广阔的土地来生存繁衍，然而它们却被比它们更强大的破坏者——人类——一步步地驱逐逼退。

我在此要对猛雕的颜色做一个简短的描述，以区别于金雕和其他的鹰类。它的身体底侧，从喉部直到尾部，包括腿和跗骨，是淡蓝色。头部、颈后部被白色羽毛覆盖，羽尖带灰棕色，白色和棕色在面颊和颈部其他地方形成令人愉悦的虎斑花纹。背部和尾巴被浅棕色覆盖，整个外表都是浅棕色的，但是每根羽毛周围比根部颜色略浅，翅膀的长羽毛为黑色，横向分布灰白色和浅黑色条纹，浅黑色的羽毛尖部边缘为白色，尾巴和翅膀的条纹一致。

高冠鷹雕

英文名 *Long-crested Eagle*　拉丁文名 *Lophaetus occipitalis*

高冠鹰雕

猛禽／鹰形目／鹰科／高冠鹰雕属

尽管高冠鹰雕的体型和其他鹰相差很多，但它仍然属于真正的鹰类。和猛雕一样，它很勇猛，同样以捕猎为生。高冠鹰雕通常只是因为饥饿而捕猎，不会由于贪食而残暴地对待猎物。通常所有猛禽都是这样。我几次观察到这样的事实。无论我们的历史学家、诗人以及所有和他们一样的作家怎么说，我在此强调，他们的观点是错的，鹰类即使十分饥饿，也永远不会吃腐肉。

和猛雕一样，雏鹰的鸟冠特征鲜明，高冠鹰雕的羽冠比猛雕的羽冠长许多；鸟爪同样由绒毛覆盖，直到爪趾；喙呈钩形，趾甲拱起的弧度很大，且十分锋利。尽管它的体型并没有最大的骁大，但它仍是一只为战斗和毁灭而生的鸟。高冠鹰雕没有足够的力量抓住和推倒瞪羚，它满足于捕猎小型猎物，如野兔、鸭子和鹧鸪。它拥有灵活的捕猎技巧。长翅膀展开时尖端伸展至尾巴尽头，可以利用身形来迅速灵活地向前冲，从而成功地抓住猎物。高冠鹰雕飞得和非洲鹧鸪一样快。

这只鹰的命名很简单。一簇羽毛在枕部上生长，向后延长135～162毫米，优雅地垂下，向体侧略微弯曲；羽毛灵活轻盈，微风或者翅膀的轻轻扇动就可以让它朝不同方向摆动；这使高冠鹰雕看起来特别优雅，这个翎饰有上千种不同形状，更增添了其可爱之处；女人们大概会很想拥有这种华丽的装饰。

高冠鹰雕的整体颜色是暗棕色，颈部和胸前颜色稍浅，腹部和背部颜色较深。腿上羽毛很长，混杂了白色；绒毛覆满整个跗骨，直到爪趾，也混杂着白色。长羽毛是深黑色，羽支的中间部分有白色，翅膀以及尾巴上其他所有长羽毛都是波浪形浅灰棕色和白色，尾巴末端是棕黑色。尾巴形状略圆。爪趾为淡黄色；喙为浅米色；随着年龄增长，虹膜的黄色逐渐加深；趾甲是有光泽的黑色。

我只在奥特尼夸人和阿玛科萨人的地区见到过这种鸟儿。

高冠鹰雕将巢建在树上，用羽毛和兽毛做内部装饰。雌雕产2枚卵，近似圆形，有红棕色斑点。雌雕比雄雕体型更大，羽毛颜色略浅，鸟冠稍短，腿上的羽毛更白，头部有一些白色小斑点，从头顶一直延伸至眼睛。

我们总是能看到雄雕和雌雕在同一地区出现。

高冠鹰雕的叫声仅仅是一种哀鸣。我们很少听到它大声鸣叫，除非一群乌鸦或其他的鸟儿来到离它的巢穴太近的地方。那时候它会追逐鸟群，和它们进行不屈不挠的斗争。厚嘴渡鸦是最顽强的侵略者，它们非常大胆，经常对高冠鹰雕发起凶猛的进攻，掠夺它的猎物；很多厚嘴渡鸦聚在一起时，它们甚至会寻找并抢占高冠鹰雕的巢，吞食它的鸟卵或雏鸟。雏鸟经常成为这些窃贼乌鸦的猎物；当敌人数量众多时，不幸的高冠鹰雕夫妻尽管进行了英勇的抵抗，最后往往还是要看着厚嘴渡鸦这些罪犯们抢走并吞食它们那不停颤抖的幼鸟。雏鹰常常还太弱小，无法抵抗，只能发出绝望的叫声。

幼年高冠鹰雕全身覆满灰白色绒毛。这些绒毛会逐渐被浅棕色羽毛取代，羽毛的边缘为红色。我观察过3个高冠鹰雕的鸟巢，在其中均只找到两只雏鹰，它们总是一雄一雌：从它们的体型很容易可以区分出雌雄。离开巢穴的时候，雄雕的鸟冠已经形成。

非洲冕雕

英文名 *Crowned Hawk-eagle*　拉丁文名 *Stephanoaetus coronatus*

非洲冕雕

猛禽／鹰形目／鹰科／非洲冠雕属

非洲冕雕和其他猛禽的区别在于它无畏的勇气，毋庸置疑，它和我们之前讲到的猛雕一样勇猛；它是其活动范围内一切鸟类的君主；这是个真正的暴君，它滥用手段，向周围发动战争，屠杀斗胆接近它的一切鸟类。大自然赋予它自在飞翔、捕猎鸟类的能力；它的尾羽很长，可以灵活控制方向，频繁灵敏转向，使其他鸟类都无法躲避它残忍的利爪；只要迅速的避让，大多数鸟类几乎总是能躲过其他食肉鸟类的攻击，然而却一定躲不过非洲冕雕。

我们可以看到非洲冕雕追逐野鸽时的敏捷；它似乎更喜欢捕猎这些飞得快且变换飞行方式的鸟类；一种被我叫作幼野鸽的鸟儿最受非洲冕雕的钟爱，它们是非洲冕雕最常见的食物。找见过隼、苍鹰、雀鹰、燕隼等在欧洲追踪野鸽，但我很少见到它们捕猎成功，即使扑向整个鸟群也是如此。它们的方法实际上和频频得手的非洲冕雕不同。那些鸟儿飞得很高，捕猎时翅膀扇动得非常快，从猎物的上方或者侧边寻找机会靠近捕捉；非洲冕雕与之相反，它会衡量自己的飞行能力，克制自己，不做随意的攻击。幼野鸽飞到大树上方时，非洲冕雕离开它埋伏的地方；在幼野鸽有时间猛然冲进树林中之前，它来到幼野鸽下方，藏在荆棘之中。它总是在猎物下方，等待着猎物飞起来时才及时地冲上去阻止它冲进树林；幼野鸽下冲得越早，就越早被捕获；因为非洲冕雕经过同样线路需要的时间更短，总是在中途就能截住它，经常在猎物自以为可以逃掉的时候抓住它。当幼野鸽被迫飞向平原的时候，非洲冕雕可以径直飞向它，瞬间将它捕获，因为这时候猎物已经非常疲惫了。

非洲冕雕在撕裂猎物之前会先拔掉它们的羽毛。它常常栖坐在一棵粗树的矮枝上吞食猎物。有时也会在一棵倒地树木的树干上，或者岩石上进食，总之会在高处，而从不在地上。

非洲冕雕经常飞去森林。它喜欢那些生长着一些高大树木，但树木又不是很密集的地方，因为这样的环境更便于发现猎物。它在那里守候着幼野鸽和树林里的鹛鸫，从树上带着响声猛然俯冲进鸟群中捕食。它也会吃一种只有在森林里才能找得到的小型瞪羚。

我曾经很高兴地观察了一对非洲冕雕一段不短的时间，它们在我的营地(奥特尼夸人的地区)附近的树林里筑巢。我花了整个早上观察它们的所有动作和计谋。那时它们忙着孵卵，巢中从未空闲过，我很确定看到它们每天在同样的地方出现。当其中一只非洲冕雕在捕食猎物时，附近的所有乌鸦都会赶来，在它的周围呱呱鸣叫，等待着攫取属于它们的一部分战利品；然而非洲冕雕似乎完全无视这些叽叽喳喳的鸟儿。它们也不敢靠得太近，当非洲冕雕从容地在树枝上进食时，它们仅仅满足于捡食一些从树上掉落的残渣。当一只食肉鸟类在该地区出现时，雄性非洲冕雕会一直跟随着它，直到它离开自己的地盘。更小的鸟可以接近鹰巢而不受处罚，因为这些小鸟不会给它们造成威胁；因此一些小型鸟类甚至会飞到那里躲避其他猛禽的攻击。

非洲冕雕的翅膀看起来翼展并不大，与其他鹰的翅展相似；伸展开时只到尾羽中央的位置。尾羽很长，相比之下翅膀看起来更短；但与它的身型相比，我们会发现它的翼展已经足够大了。

非洲冕雕比其他鹰稍苗条；它的身形更加细长，因此更适应在飞行中捕猎鸟类。

非洲冕雕的所有羽毛都是白色的，而背部是棕黑色；羽毛摸起来很柔软，不粗糙，和鹰一样。它的鸣啭是重复着下降的尖锐声调。休息和饱食时，我们可以听到它几个小时重复着同样的音符。相比同样体型的鸟儿，非洲冕雕的叫声很弱，仅是猛雕的1/3。非洲冕雕在大树顶上建造它的巢。雄性和雌性轮流孵卵。在我看到的一个非洲冕雕的巢里，我只找到了两枚卵，它们是白色的，像火鸡蛋一样大，但形状更圆。

非洲海雕

英文名 | *African Fish-eagle*　　拉丁文名 | *Haliaeetus Vocifer*

非洲海雕

猛禽／鹰形目／鹰科／海雕属

非洲海雕毫无疑问是最漂亮的鹰，这不仅是因为它拥有美丽的羽毛，更是因为它的外形和体型无比地优雅。它和白尾海雕的身形相当。非洲海雕引人注意的地方在于身体前部和尾羽是白色的，其他部位是红棕色和黑色的斑驳杂羽；头部、颈部和肩胛部位的羽毛是同样的白色，整个肋部是棕色的。胸前有很少的几处黑棕色的纵向斑点；其他的羽毛是铁棕色甚至焦黑色；覆盖在翅膀上的最小羽毛颜色较浅，接近铁锈色；肩胛附近混杂了黑色，其他白色羽毛底层有一些令人愉悦的纹路，展开时背上像手帕的一角。翅膀的长羽毛是黑色，外侧羽支处有细小的白色和橙红色的大理石花纹；背部底侧和尾羽上覆盖着的黑色中混进了暗白色。在喙和眼睛之间可以看到皮肤，这一部分由很少的毛发覆盖：颜色是浅黄色，喙的根部、爪子乃至爪趾也是一样的颜色。虹膜为红棕色；腿上的羽毛一直延伸到跗骨前半寸；趾甲和喙是角蓝色；嗉囊——我们可以观察到一部分——被长而卷曲的绒毛覆盖。尾羽形状微圆；就是说，外侧的长羽毛是最短的，其余的逐渐变长直到中间两根最长，之间其他地方都一样长。

雌雕羽毛的黑色要浅很多，它的白色也不太纯净，橙红色更深。雌雕比雄雕身量更大。

非洲海雕弯折的翅膀展开时一直可以伸展至尾羽端部，翼展差不多有2.6米长。

幼年非洲海雕不是白色而是灰白色，尾羽则完全为灰白色；但随着年龄的增长，尾羽逐渐变成白色。第二次换羽的时候，它已经有同样多的灰色和白色，组成尾巴的一些长羽毛是纯白色，另一些是灰棕色，还有一些混杂着两种颜色。第三年这些鸟就会长出优雅的羽毛。

我们在海边可以发现非洲海雕，它们主要生活在一些大河的河口和非洲的东西岸。我从没在内陆见到过它，因为它的主要食物是鱼类，它只在回潮的地方出现；它大量出现在海岸和河流邻近海洋的地区。在内陆，我只在奥兰治河流域找到这些鸟儿，因为这条河鱼类丰富。

非洲海雕和白尾海雕以及鹗一样，在观察到鱼儿时会迅速从高空俯冲而下。我经常有机会看到这一物种在水上发出搏斗的声音，它甚至可以将全部身体潜入水中，出来的时候爪子里抓着一条肥鱼。河岸边常常有一些被流水抛上去的岩石。这些鸟儿就在这样的岩石或树木上吞食捕获的猎物，并以一种稳定的方式建立它的渔场；它习惯在同样的地点进食捕到的鱼类，这个地点很容易被辨认，因为我们在那里会找到大量的鱼头和鱼骨。我看到里面还有瞪羚的骸骨，这证实了它同样会捕猎森林野味。它明显不屑与鸟类发起战争，因为我从未在残骸堆中找到鸟类的碎屑，但残骸中有一种在非洲河流中常见的大蜥蜴，并且是为数不少。

我把它命名为 vocifer(法语命名 vocifer，来源于法语中意为高亢叫声的词vociferer，中文名为非洲海雕)，因为这种鹰习惯频繁的发出高亢的叫声，声调不同，抑扬顿挫。它们栖息在海边的岩石上，或者河边沙滩上倾倒的树干上时，即使彼此离得很远，也可以大声交流。我们看到它们在高声对话时，脖子和头剧烈地摆动，这种活动对它们声音变化似乎也有影响。这些叫声总会暴露它们的所在位置，不过要足够靠近它们从而将它们射杀并不容易。为了捕猎一只这样的鸟儿，我不得不挖了一个沙坑，用一片席子遮盖，席子上放了土：我在陷阱里埋伏了整整三天，才等到一对非洲海雕来到一棵树干上像平常一样吞食它们的猎物。它们一直没有来，直到我放置的土的颜色不再新鲜，被炽热的太阳晒干，和周围没有区别的时候，它们才再次到来。第三天结束的时候，我杀死了雌雕，当我去普利登堡湾的另一边寻找这只跌落在那里的鸟儿时，差点淹死在这条涨潮的河里。如果不使用诡计，我很难在离开非洲之前拥有一只这么漂亮的鸟儿。雄雕寻找它的雌雕时，在营地附近被击毙，当时它正在吞食我扔在外面以吸引食肉鸟类的食物。

非洲海雕非常多疑，很难接近，看到猎人就会躲得非常远。飞翔的高度惊人，它们的飞翔姿态特别优雅：我们可以频繁地听到雄雕在这个过程中发出"ca-hou-cou-cou"的声音。这些音节发音缓慢，第二声啼叫比第一声高几个声调，后两个连续降低，我们完美地模仿了这只鸟的鸣啭。非洲海雕总是在空中的时候这样唱；不是在滑翔的时候，而是当它的飞行伴随着引人注目的翅膀的运动时。我们观察到在这个运动中，飞行伴随着声音，和我们说过的它栖息时发出的叫声类似。此时这些鸟儿的声音十分洪亮高亢,我们在其中还会发现一些使耳朵很愉悦的和弦,而没有大部分猛禽那些令人不快的尖厉刺耳的幽怨声调。

雄雕和雌雕从不分离。它们将巢建在树的顶端或者岩石上,很像猛雕的巢,不过它们的巢内部铺垫着舒适的材料,例如羽毛、皮毛等;在这些材料之上,雌雕产2~3枚卵,通体白色,和火鸡卵的形状一样,但更大一些。

好望角的移民们把这种鸟叫作 groote-vis-vanger(大渔夫),或者 witte-vis-vanger(白色渔夫)。

我只在福尔斯湾附近听到过一次非洲海雕的鸣叫,在开普敦地区这种鸟儿很少见。从开普敦行进240~320千米之后,我开始经常见到它们,但最常见到它们的地方还是朝向马普托湾的地方。非洲海雕似乎也在撒哈拉沙漠以南的地区出现;因为盖比(方济各洛谢区教会修道院主管,他在旅行中对撒哈拉沙漠以南的地区进行了描述)讲述过一种鹰,有着淡褐色的外衣,白色的肩胛。这短短的描述确实很适合非洲海雕,布封(1707—1788年,18世纪法国博物学家、作家)用这个描述来形容鹗,并不是很确切。

白腹海雕

英文名｜*White-bellied Sea-eagle*　拉丁文名｜*Haliaeetus leucogaster*

白腹海雕

猛禽／鹰形目／鹰科／海雕属

非洲的白腹海雕相当于欧洲的鹗。它们是一个模子刻出来的，也有着同样的习性。主食鱼类，经常停留在高空，会将全部身体潜入水中捕鱼。白腹海雕栖息在河湖边的树上，或海边的岩石上。它在这些地方度过整个早上，守候着视线范围内的鱼的出现。我们很少在干旱的内陆看到它，它只频繁出现在海边或渔产丰富的河边。它在惊人的高空中飞翔，从那里传来的叫声总是十分尖厉。这些鸟有锐利的眼神。我看到过它们径直地俯冲向水面上游着的鱼群，抓住一些十分肥美的鱼儿。白腹海雕的肉有一种淡淡的鱼的味道，它的脂肪很厚，油脂丰富。剥开鸟皮时，油脂会溢出到所有羽毛上。我非常仔细地处理了两只白腹海雕，可还是完全失败了。这些脂肪会慢慢溢到鸟儿的每一根羽毛上，因此让鸟儿看起来像是整个被浸泡在油里过一样。

白腹海雕和我们的鹗体型相当；羽毛和普通翠鸟一样粗糙，特别是腹部的羽毛，羽支很紧密地联结着。头部、颈部和所有前面的羽毛是光滑如缎的白色。头上和颈后部羽毛的羽脉带浅棕色；背部和翅膀上短短的羽毛是浅灰棕色，尾羽也是一样的颜色，尾羽的末端是白色。长羽毛带浅黑色；外侧羽支均与背部颜色一致；喙为浅棕色，爪为黄色，趾甲是黑色的，虹膜为深棕色。

鸟类学家，比如布封，一直致力于减少种类的划分，他们把白腹海雕当作我们鹗类的一种；但我不相信这么多显著的区别只是因气候影响产生的，我认为这一定是同属内的另外一种鸟类。

科尔比（1675—1726年，德国自然学家、自然观察家）在开普敦的旅行中提到了一些鹰；然而，以鸟类学家的眼光看他的书，很容易看到他在这方面一无所知。我从来没有在开普敦见过白尾海雕，也没有任何一种被他叫作野鸭鹰的鸟，后者在空中惊人的高度吞食野鸭。他很荒唐地做了记述，而这个记述是完全错误的，因为没有任何食肉鸟类是在空中瓜分食物的。这位旅行者见到的其他在海边飞着吃鱼的鹰，很可能只是看起来像鹰的军舰鸟或者信天翁。就像开普敦的鸨看起来像只孔雀，正因为如此，移民们把这种鸟叫作野孔雀。我在开普敦待了五年，专心研究鸟类，可我从没瞧见过科尔比说的这种鹰，而他却说这种鹰很常见。

没有一种鸟比鹰更多地被我们用在寓言和传说中，特别是我们的鹗，它在很久以前就很有名了。尽管如此，我们可以指出在这种鸟的引用上仍存在着巨大的错误。大阿尔伯特(1200—1280年，德国天主教多明我会主教、哲学家)描述过，鹗有一只雀鹰的爪子，另一只爪子像鹅的一样；格斯纳(1516—1565年，瑞士博物学家、目录学家)，阿尔德罗万迪(1522—1605年，意大利博洛尼亚大学自然史教授、科学家)，克莱因(1685—1759年，皇家普鲁士法学家、历史学家、植物学家、数学家、外交官)，甚至林奈(1707—1778年，瑞典博物学家)也重复了他所说的话。在那些最荒谬和最不切合实际的陈述之后，我们经常就得出了结论。因为那些鸟类学家们从未真正学习过大自然，他们只从书本和前人那里学习，他们自己的观点建立在对过去的错误的、荒谬的结论之上，因此这只能得到更加诡异的结果。就连布封自己，也常常弄混三四种十分不同而且很有名的物种。

对我来说，布封被捧得太高，我可以证明这个伟大的自然学家在写鸟类学的时候，大概从没见过他讲的鸟，或者至少并没有亲自研究过。我想要再次提醒每一位新的鸟类学家，看旅行者或者前人的描述时，要保持质疑的态度，有时甚至要怀疑那些鸟有没有真的存在过。此外，当我打开一本书学习时，我看到一种很有名的鸟，比如鹗，他们说它有一只猛禽的爪子和一只鸭子的爪子；还有一种说法，鹗是不同种类鹰杂交的产物，鹗会生出小秃鹫，小秃鹫之间交配生出大秃鹫，等等。要我说，永远不应该打开这些书来学习，这些书都是鸟类学家写的，不是真正的观察者写的。我们不可以信任这些自然学家的书。

短尾雕

英文名 *Bateleur*　拉丁文名 *Terathopius ecaudatus*

短尾雕

英文名 | *Bateleur*　　拉丁文名 | *Terathopius ecaudatus*

短尾雕

猛禽／鹰形目／鹰科／短尾雕属

迄今为止，在所有著名的猛禽中，短尾雕是很独特的一类。它的尾羽不同寻常的短，只勉强盖过臀部的一半，这是一个鲜明的特征。各种测量结果显示，它的尾羽最多有162毫米长；它的形象算不上优雅，特别是在它飞行的时候，短短的尾羽和长长的翅膀形成了奇特的对比。由于这样的尾羽，它的翼展看起来更加广阔。第一次看到短尾雕飞翔时，我想观察它的尾羽会不会有什么问题；我们可以推测，在飞行中，它会有很不同寻常的动作。我的观察证实，这只鸟的短尾是该种类的一个不变的特点，而它飞翔的方式，更像是一个挑逗雌性的游戏，雌性也以同样的方式回应。

短尾雕以划圈的方式翱翔，时不时发出两声嘶哑的叫声，一个音比另一个音高八度。它们常常在飞行中突然降低高度，用翅膀击打空气，这种方式让我们以为它断了一只翅膀，马上要跌落在地。雌雕永远不会忘记重复同样的游戏。我们可以在很远的距离外听到它们的翅膀拍击的声音。它们翅膀发出的声音是一种弄皱纸张时发出的沙沙声，像是一张帆的一角松开了，在强风中抖动。

我以这种鸟在空中游戏的方式为它命名(法语 Bateleur，意为击打、拍打，中文名为短尾雕)，可以说，短尾雕的确像是为了取悦观众而表演盘旋。这种鸟在整个奥特尼夸人的地区都很常见，在纳塔尔省沿线直到撒哈拉沙漠以南的地区也有很多。在我经过这个魅力的地带时，我见到过好几对。雄雕和雌雕从不分离，很少能见到一只单独的短尾雕。

短尾雕太短的尾羽是它与其他猛禽的主要区别，另外它独特的颜色也区别于邻近种类。短尾雕中等尺寸，身形介于白尾海雕和鹗之间。喙和爪子是黑色的；喙的根部微微带点黄色；爪是略带黄的棕色，覆盖着鳞片；头部、颈部和身体前部下侧全部都是漂亮的哑光黑色，侧边为深橙红色，背部和尾羽也是深橙红色；肩胛是水洗黑色，有那么几天是一种略带蓝的灰色；翅膀上所有小羽毛都是浅栗色；而翅膀上的长羽毛羽支内部全部都是黑色的,而外侧带着银灰色的花边;翅膀弯折起来的时候,整个看起来就是银灰色的。眼睛是深褐色。雌雕比雄雕身量大 1/4,颜色更浅。

短尾雕在树上筑巢。雌雕产 3~4 枚全白色的卵:该地区的移民们向我言之凿凿地说那里栖息着一些短尾雕。我从未见到它们产卵。至于雏雕,我倒是杀过几只:在这个时期,它们的颜色和亲鸟们有很大差别。它们生长得很快,如果不在它们的亲鸟给它们再次喂食之前杀掉它们,它们很快就变得和亲鸟们一样强壮了。如果不是在解剖的时候我辨认出了这些雏雕,我肯定就要把它们当作同属的另一种鸟类了。我观察这些鸟儿的时候,它们有 6 只,全部栖息在一棵大树上的鸟巢中,很有可能 4 只身量小一些的雏鸟刚刚被孵化出来。我首先将亲鸟们猎杀,然后又杀了 3 只雏雕,没能捕获第 4 只,它飞到了树林深处。我在解剖时发现,这 3 只雏雕中有一只雄性和两只雌性;很可能逃脱的那只是第二只雄性。3 只年幼的短尾雕有着一模一样的羽毛。几个月后,我捕杀了同种的另外几只幼雏,但它们的年纪稍大一点:它们的尾部已经有了很多橙红色的羽毛;整个头部和身体下部也长了一些黑色羽毛。看起来短尾雕要在第 3 次换羽期才能长出全部的漂亮羽毛,它的颜色像调色板一样。

在幼年时期,短尾雕喙的根部是淡蓝色,喙为浅褐色,爪子是淡黄色:整体羽毛颜色是统一的棕色,比头部和颈部颜色浅,但比身体其他部位颜色深。但所有的羽毛都有一圈颜色更浅的边。

短尾雕和秃鹫一样,吃所有种类的腐肉,然而它也常常攻击年幼的瞪羚:在居住地周围撞见小羊羔或者生病的绵羊的时候,它会发起攻击;鸵鸟还小的时候也会成为它的猎物,特别是当一些小鸵鸟意外和亲鸟分离时。奥特尼夸人管这种猛禽叫 berg-haan(山鸡);通常他们管所有食肉类猛禽都叫这样的名字,尤其是鹰。

看一眼这只鸟,我们会认为它们与鹰没有任何共同特征;它的爪子不是强烈的拱起,它的喙在比例上很不够有力。这是一种介于鹰和秃鹫之间的中间物种。

我最常在普利登堡湾岸边,马普托湾附近露营的地方看到短尾雕。它们不成群飞翔,只在争夺腐尸的时候,几对短尾雕才会聚集起来,一起同其他的食腐猛禽争斗。这时,我们看到它们团结一致,共同对敌。然而在饱食以后,每一对短尾雕又会飞去不同的方向休息，消失在附近的山上或者森林中它们筑巢的地方。

我也注意到这些鸟儿会把食物装在嗉囊里带走，回到巢中宠溺地吐给它们的孩子们。它们似乎过分溺爱它们的孩子，因为雏鸟们经常已经足够强壮，完全可以自己觅食了，亲鸟仍然会给它们喂食。

肉垂秃鹫

英文名 | *Lappet-faced Vulture*　拉丁文名 | *Torgos tracheliotus*

肉垂秃鹫

猛禽／鹰形目／鹰科／肉垂秃鹫属

肉垂秃鹫比体型更大的秃鹫还要强壮，翼展约3米长，性格灵敏，善于捕猎，其命名缘于那层9毫米高、位于耳朵前面的薄膜。它呈直线形延长到颈部，这种升高了108～135毫米的耳甲毫无疑问提升了它们的听觉能力。

肉垂秃鹫是一种在山上活动的鸟类。和其他秃鹫一样，它栖息在布满石头的地方或者山洞中。它们夜间活动，白天吃饱了之后回来休息；我们观察到，在太阳升起的时候，数量众多的秃鹫栖息在它们居住地入口的岩石上，有时甚至布满一整条山脉的绝大部分地区。它们栖息在石头之间或者石头上，石头的摩擦磨损了尾部的羽毛。鹰很少在地面行走，而且栖息在树上，尾羽整体保存完好；相反的，秃鹫在平原的地面会用到自己的尾羽，因为它们不能立刻飞起，而总是需要小跑几步，伴随着薄膜的用力收缩起飞。秃鹫飞行或降低高度时并没有少花力气。它们在惊人的高空中飞翔，有时几乎完全消失在视野中。难以想象，我们经常无法在空中看到的这些鸟，而它们又是怎么看到地面上发生的一切，发现它们的食物的。若是一个猎人猎杀了一整只大型猎物，但是来不及马上搬走，只好暂时留在原地，等他再回来的时候就不会再见到猎物了。不过在那里他一定会看到一群秃鹫。

我自己也几次看到肉垂秃鹫和其他相似的猛禽在一起的情形。所有这些贪婪的食肉动物常常会有机会聚集起来。第一次，我险些成为它们的猎物，是在我缺少食物非常饥饿的时候。因此它们给我上了一课，让我永远不能忘记它们的敏感。一次，我猎杀了三只斑马，当我心满意足地回到稍远处的营地，指挥他们弄辆推车帮我搬运时，比我更熟悉情况的霍屯督人告诉我再返回去毫无意义，因为在我们回到那里之前，斑马们一定已经被瓜分了。不过我们还是出发了。但我们并没有行进多远，远远地就看到那里围满了秃鹫。当我们到达满是秃鹫的战场时，斑马们已经被吞食殆尽了，只剩下了大的骨头。然而还有许多秃鹫正从四面八方赶来；这惊人的一大群，足有上千只。它们总是在不停地移动，我们无法数清。

因为好奇这么大一群秃鹫怎么可以如此迅速地到达，我在一片灌木丛中躲了一天。我杀死了一只大瞪羚放在那里。瞬间，一群乌鸦就飞到了这只动物上方，大声地呱呱叫。接着不到半刻钟，鸢和鹰就到了。之后很快，我抬头惊讶地看到从高空中盘旋下落的鸟群。我很快认出它们是秃鹫。几只鸟儿迅速落在瞪羚上。我没有给它们瓜分猎物的时间，很快地从藏身之处出来。它们艰难地重新起飞，汇集成群，越飞越高，飞出了视野之外。看来它们猛然从云间冲下完全是为了分享猎物，但我的出现让它们很快在空中消失了。

这就是秃鹫如何被召唤来分享一份猎物的。头几只食腐鸟类发现一具动物尸体，通过叫声和动作唤起周围其他猛禽的注意。在高空中翱翔的秃鹫哪怕看不到猎物，纷纷飞去同一个地点集合的低级猛禽和陆上猛禽都至少说明，它们已经准备好了猎物，等待着最高等的食腐鸟前来进食。不过，也许秃鹫的眼力足够好，自己就可以发现猎物。它急忙盘旋下降。它的降落告知其他看到它的秃鹫，毫无疑问，熟练的本能和十分娴熟的进食习惯使它们迅速聚集。

当一只猛禽杀死一只大型四足动物时，秃鹫们看到之后很快就会飞来。但这些鸟儿腼腆而懦弱，没有勇气和一只猛禽争夺。在这样的情况下，它们性格的所有卑劣之处都显露了出来。它们不敢利用它们的数量优势、它们的武器、它们身体的重量和飞行的优势。数量优势是懦弱者多么有效的对敌方式啊，可是它们丝毫不敢那样想。我们看到它们毕恭毕敬地停在离残暴的猛禽一段距离的地方，等待它结束一餐，饥饿感得到满足。它拍翅离开，秃鹫们才飞上去吞食它抛弃给它们的残羹剩饭。

霍屯督人和好望角移民通过经验了解了秃鹫发现猎物的技能和它们贪食的脾性。它们从不放弃一个人类杀死但暂时带不走而又没有遮盖或掩埋的猎物。即使有时他们会留下手帕或者外套在上面，还是常常在回来的时候看到只剩下一个骨架。乌鸦们最胆大，因此它们通常会首先发现食物。而秃鹫们冒险接近，很快就吞食掉全部的猎物。

肉垂秃鹫所在地区的霍屯督地区移民叫它 swarte-aas-vogel（黑尸鸟）。它的纯黑色羽毛和另一种秃鹫的金色羽毛都是它们各自的鲜明特征，在下一篇我即将讲到这种叫南非兀鹫的鸟类。

肉垂秃鹫在岩石洞穴中筑巢。雌鸟只产2枚白色的卵，很罕见的也有3枚。秃鹫在10月份开始求偶，1月孵出雏鸟。肉垂秃鹫总是以极大数目群居，有时一座山上到处都是它们的巢。秃鹫从不在树上筑巢，至少是在非洲如此。如果世界上其他地方的秃鹫做法不一样，倒是会很令我惊讶。肉垂秃鹫似乎有着很高的群居智慧。我曾看到在同一个山洞中有时会紧挨着建有3个鸟巢。

孵化的时候，每只雄鸟在雌鸟孵卵的山洞口警戒。这样的行为反而使它们的巢很容易被注意到。即便如此，要接近他们的鸟巢并不容易。然而，在霍屯督人的帮助下，我几次克服了所有困难，甚至冒着生命危险去考察这些鸟的卵。它们的巢穴是一个名副其实的令人恶心的垃圾场，弥漫着了一种让人无法忍受的气味。接近这些在暗处的巢穴同样危险，这些巢穴的入口被粪便覆盖，岩石缝渗水产生的潮湿使入口处总是湿滑的。我们险些滑倒在尖利的岩石上，摔落下可怕的悬崖。这些鸟儿显然喜欢在这种悬崖上筑巢。

我尝过肉垂秃鹫和南非兀鹫的卵，我觉得味道很不错。

肉垂秃鹫幼鸟刚出生的时候，身披厚密的白色绒毛。离巢时，它的羽毛呈浅棕色，所有羽毛边缘都是棕红色的。胸前和腹部还没有被沙浪环绕，头部和颈部全部被茂密的细绒毛覆盖，耳朵的耳甲刚刚生出。这个状态下，有些缺乏经验的自然学家，就会把它错认成一只鹰，或者另一种秃鹫。

南非兀鹫

英文名 Cape Vulture　　拉丁文名 Gyps coprotheres

南非兀鹫

猛禽／鹰形目／鹰科／兀鹫属

除了上一篇描写的大型秃鹫之外，我们还在非洲各处发现了另一种大型秃鹫。它和前一种截然不同，通过颜色和一些特征可以很容易和其他种类区分开来。

我们也不会把南非兀鹫和白兀鹫弄混。因为后者的特征明显，翅膀比鹰短，尾羽比鹰长，和前者完全不同，南非兀鹫的翅膀更长，尾羽更短；此外，它的头部呈浅蓝色，颈部绒毛不是白色的，而是淡黄色的；总之，南非兀鹫没有心形的棕色斑点，而白兀鹫胸前有这样的斑纹，颜色也是完全不同的。

南非兀鹫的整体颜色是浅栗色，接近我们的咖啡加牛奶的颜色。翅膀上有些小羽毛颜色较深，大的长羽毛是浅黑色的。颈部下方，一种蓬松长羽毛形成的皱领从后侧环绕头部。覆盖腿部的羽毛延伸到跗骨前面一点。覆盖爪子和爪趾的大鳞片是浅棕色的。趾甲是浅黑色，和喙一样。眼睛是深棕色。雄鸟和雌鸟相比，我只看到体型上有一点点不同。雄鸟稍小。而我们在几乎所有其他猛禽中都看到，两性之间的差异要大得多。

南非兀鹫在高山的岩石间藏匿。它们的栖息处覆盖了好望角的整条山脉。从开普敦市一直到福尔斯湾，生活着大量的南非兀鹫。它们从那里飞到周围所有的居住地，寻找一切可以果腹的食物。因为城市附近的土壤很干燥，不太适合牲畜的饮食，牲畜们频繁由于饥饿而死亡；我们也总是在路上遇到几只死牛被抛弃在路上。对这一地带那些懒惰的居民来说，秃鹫们可以处理掉发着恶臭的尸体，这真是一件幸事。我见到过这些鸟儿落在屠宰厂门口，吃我们宰杀的动物的头和内脏。人们历来有把这些垃圾丢在门前的坏习惯。南非兀鹫也常常出现在海边，捡食那里的居民丢下的垃圾。它们也被到处丢弃的泊船吸引，大量被海水冲到海边的贝类、蟹和死鱼都成了它们果腹的美味。也许正是因为食物如此丰富，南非兀鹫才在开普敦殖民地大量繁殖，数量远远超过了肉垂秃鹫。

我从经验知道南非兀鹫在没有食物的时候也可以存活很长时间。我养过两只南非兀鹫。这些鸟儿通常身材臃肿，这两只鸟儿也不例外。于是我想不给它们食物，以消耗掉它们身上过多的脂肪。因此我把它们放在一个很大的鸡笼里，几天不给它们任何食物。后来，我杀了其中一只，可还是发现太多脂肪。在此之后，我又给另一只鸟儿禁食了几天，当我再次将它解剖时，我毫无防备地再次吃惊地发现了许多脂肪。

我之前描绘过的肉垂秃鹫生活习性和南非兀鹫很相似，它们也有着同样的习惯。南非兀鹫比肉垂秃鹫繁殖能力更强，尽管雌鸟产同样数目的卵。南非兀鹫的卵是浅蓝白色。这些鸟儿比肉垂秃鹫的颜色更显眼。当它们栖坐在洞口的岩石上时，很容易被区分。在它们的巢穴上，我们观察到了同样多的白色斑点。我看到一群这样的鸟儿完全地覆盖了整条山脉；我们用短枪朝它们射击，可以看到它们笨重的重新飞起，之后在空中盘旋。在沙漠中，兀鹫不能找到足够的动物尸体来果腹，因此它们会吃所有能找到的东西。我在解剖的南非兀鹫嗉囊里发现了几块树皮或者黏土，常常也会发现整块完全没有肉的骨头。甚至在一只南非兀鹫的嗉囊里只发现了动物的粪便。土著人告诉我，兀鹫们在饥饿的时候会互相吃对方的雏鸟，甚至自己的孩子；但我从没能确认这样的说法，因此不能保证。开普敦的陆龟和陆上的蛾螺对它们来说是很美味的猎物，它们会囫囵吞下这些食物，它们也吃大量的蚱蜢。

白兀鹫

英文名 *Egyptian Vulture*　拉丁文名 *Neophron percnopterus*

白兀鹫

猛禽 / 鹰形目 / 鹰科 / 兀鹫属

我把这种鸟儿放在秃鹫类的末尾描述，这是因为和其他属类相比，至少在生活习性上，它更像秃鹫。而在喙的形状上，它和秃鹫们有很大区别，甚至和所有猛禽都不同。我们似乎需要在秃鹫类里面再给它划出一类。它和美洲黑秃鹫一样都有着细长前伸的喙。尽管白兀鹫比美洲黑秃鹫强壮，它的喙却更细更长。它的喙和体型不成比例。喙有2/3的长度都裸露着，为橙色；狭长的鼻孔在喙的中间；喙的端部弯曲，只有这个部位是和其他鸟儿一样的角质。大纳玛夸兰人叫它 ouri-gourap；在开普敦殖民地，霍屯督人叫它 hou-goop；欧洲移民叫它 witte-kraai；三种语言里，意思都是"白乌鸦"。

尽管这只鸟实际上完全不是一只乌鸦，它确实有着乌鸦的所有行为举止和动作。它走路的样子完全和乌鸦一样，飞行方式也和乌鸦差不多，而且也分布在所有乌鸦栖息的地方。

在有这种鸟儿的地区，我们遇到不止一队游牧民族带着一对白兀鹫。它们栖息在附近的灌木丛上，或者围牲畜的篱笆上。因此它们几乎是定居在那里。白兀鹫并不太怕人，土著人从不伤害它们；相反，他们很高兴看到它们，因为它们清除了他们制造的所有垃圾和粪便。

白兀鹫不像其他秃鹫和乌鸦一样群居。只有被几具动物尸体吸引的时候，8～10只白兀鹫才会聚集在一起；在其他时候我们很少能看到2只以上的白兀鹫在一起活动。雄鸟和雌鸟从不分开；它们在岩石中间筑巢。霍屯督人告诉我它们产3枚卵，有时也有4枚。我还没有亲自验证过这样的说法。

我在肯迪布贫瘠的荒野上见到过这种鸟儿，也在奥特尼夸人的地区见过它们。但在后一地区它们的数量很少，在开普敦附近同样如此。相反的，它们在小纳玛夸兰人的地方非常常见，在奥兰治河两岸和大纳玛夸兰人居住地附近也有大量分布。

这种鸟儿不太怕人，猎人很容易接近；但需要用直径很大的铅弹射击，才能击落它。每次在击伤一只这样的鸟儿后，我不得不追逐它们很久，有时甚至在离它们被击中的地点很远的地方才能捕获已经死去的猎物。我在纳玛夸兰人的地方露营时不止一次地发现自己一整天都在被这些鸟儿窥视。我曾经数次射伤同一只白兀鹫。我已经用心让它大伤元气，好不能再次前来骚扰，可我发现自己还是失败了。它总是雄赳赳气昂昂地回来，偷走我晾晒在阳光下的肉。在没有肉的情况下，白兀鹫会吃蜥蜴和小蛇；它甚至用蚯蚓和以牲畜粪便为食的小虫子来果腹。总之，它可以凑合着吃任何东西，有几次我甚至在它的嗉囊里发现牛粪以及其他动物的粪便。

白兀鹫比我们最大的鸢还要强壮。它的尾羽末端总是有磨损。这证明了在许多时候，鸟儿的这一部分都会受到摩擦，尾羽经常被放在地上而且它每个晚上都藏在岩石中间过夜。

白兀鹫的额头和眼周以及面颊直到耳朵，都是裸露的，为藏红花色。这一颜色在有鼻孔的喙部分更强烈；喉部被少量细绒毛覆盖，可见淡黄色皮肤，皱褶可以拉开很大面积。头部上方和整个颈部被长羽毛覆盖，这些羽毛细长而分散成一缕一缕，特别是在两侧和后方。白兀鹫的整体颜色是浅黄褐色，身体上部和肩胛部位羽毛颜色尤其如此；大的长羽毛为黑色，在外部的中型长羽毛是浅黄褐色，内部是黑色，翅膀弯折时可隐藏在内部。尾羽为橙红白色，分层，中间的羽毛最长，其他逐渐缩短；两侧的最后一根羽毛是最短的。喙的尽头和趾甲为浅黑色；爪子是黄褐色；嗉囊隆起，在充满的时候很容易被观察到，是裸露的藏红花黄色。

白兀鹫雌鸟与雄鸟的区别是雌鸟更大一点，喙的基部和头部的红色也略浅，更偏黄。幼年时期，白兀鹫整个头部和喉部裸露，由浅灰色绒毛覆盖；11月、12月和1月是发情期，雄鸟喙的颜色比其他时间更红。

蛇雕

英文名 | Crested Serpent-eagle　　拉丁文名 | Spilornis cheela

蛇雕

猛禽／鹰形目／鹰科／蛇雕属

被我称作蛇雕的这种猛禽只在贫瘠的高山上和遥远的大纳玛夸兰人的地区出现。这种鸟类看起来有点像鵟，总是栖息在陡峭的岩石崖壁上。它总是在那里等待着猎物。在这个干旱地带的所有山上很容易发现大量的小型四足动物，比如开普敦的一种岩狸。其他猛禽也会捕猎这些动物，然而蛇雕捕食得更多。总之，这是它的主要猎物，也是它最喜爱的食物。岩狸事实上非常敏锐，总是小心防备着残暴的敌人，很少离开它们深深的洞穴旁。一旦注意到敌人，岩狸很快就会躲进洞穴深处，这样猛禽不得不去捕猎更小的动物。在它十分饥饿的时候，捉到几只蜥蜴或者昆虫就已经很幸福了，它自然不会不屑于吃这样的食物。

我看到蛇雕为了捕猎一只岩狸，经常会在悬崖峭壁上连续等待3个小时，头缩进肩膀里，纹丝不动，完全像是它栖身的岩石的一部分。这是一个埋伏，捕猎的瞬间到来时，即当它看到动物出现在岩石下的洞穴边时，蛇雕就像投射武器一样猛地扎下去。若一击失败，它会伤心地返回之前埋伏的地方，发出几声哀怨的叫声："houi-hi—houi-hi-hi—houi-hi—houi-hi-hi。"这伤心的声调像是在表达自己的遗憾和气恼。但过了一会儿，它就会离开第一个埋伏点，飞远一点建立另一个岗哨，在那里以同样的耐心和纹丝不动的姿势守候。当它成功地捕捉到一只动物时，会发出可怕的叫声，使附近的所有岩狸都感到恐惧，在广阔的地洞里跑来跑去，白天都不肯出来。

岩狸一被捕获，蛇雕就把它活着带到附近的一块平坦的岩石上。在那里它似乎是要享受撕碎这只动物的乐趣。当我们再次听到岩狸痛苦的叫声时，它已经被吞掉一半了。看着这只猛禽卖力地撕扯并捏碎岩狸，我们更相信它是因为被激怒和气愤而复仇，而不是因为果腹的需要而处理食物。

我们可以注意到，在这只凶残的猛禽屠杀猎物的地方，鲜血染红了岩石；此外，蛇雕冷酷的个性很像这块贫瘠干涸的土地，或许正因如此大自然才把它放在这里生存。在我第一次完整的旅行中,我从没在明媚富饶的地区见过蛇雕。成年蛇雕也有一些野蛮的习惯。与鹰和所有残暴的生物一样,蛇雕同样也独自生活,直到大自然赋予所有生物的繁殖使命到来时,它们才为种族繁衍聚集到一起。因此在这一段时间里,出于繁殖的需要,雄鸟才去追求雌鸟。它们一起度过12月的繁殖季,在岩石间的一个深深的山洞里抚育2~3只雏鸟。摇篮是一堆干燥的树枝,上面用苔藓和枯叶做成的一张相对柔软的温床。所有材料被无序地堆积在一起,并不整齐。

蛇雕和我们欧洲的鸳体型相当,外形也很像;但细节上有很多不同,性格和生活习性上也是如此;蛇雕更敏捷,不那么笨拙,体型更长,外形更适合捕猎。头后部有一簇长羽毛,这些羽毛比其他羽毛都长。鸟冠水平展开,像圆形的尾羽一样。鸟冠的每一根羽毛末端都是黑色,其余部分是白色。头顶覆盖的羽毛尖端为黑色,内侧是白色;但白色在许多地方出现,修饰这只鸟儿均匀统一的色调。它的整体色调是一种土褐色,翅膀和尾羽颜色较深,身体下部颜色较浅。从胸部到腿,所有的羽毛上散布着近似圆形的白色斑点,同样的斑点还可以在肩膀和翅膀上见到。尾羽下部和腹部下面被白色和棕色条纹掩盖:尾部有一大片浅黄白色,所有的长羽毛在末端都有白色花边。喙为铅灰色,基部是黄色,和眼周几乎裸露的皮肤一样。爪子乃至爪趾是浅黑色的;虹膜为深红棕色。

雌鸟比雄鸟大,白色斑点较淡。我见过7只这种蛇雕,只射杀了4只,两只雄鸟、两只雌鸟。我从未在平原上看到过这种鸟儿。但经常听到它们的声音却看不到它们的身影。它们非常易受惊,很难接近。

暗棕鵟

英文名 *Jackal Buzzard*　拉丁文名 *Buteo rufofuscus*

暗棕鵟

猛禽／鹰形目／鹰科／鵟属

暗棕鵟和红背鵟是非洲的代表鵟类；同样，非洲泽鹞和啸鸢也分别是鹞类和鸢类的代表。这些国外的物种实际上和我们欧洲的鸟儿有所差别。鹞类和鸢类是野生且自由的，在干涸、没有人类居住的土地上生存，和我们没有任何利用关系。与此相反，鵟类被人类以小动物为诱饵带到我们的居住地附近，在我们身边繁殖，与我们播种收割的蔬菜一起为我们利用。鵟为我们提供的服务是消灭老鼠、鼹鼠、田鼠和其他被农民驱逐的四足动物。这反过来要求我们给予这些鸟类安全和保护，我们出于自身的利益才去保护它们。就像我们在西班牙和荷兰保护鹳，在荒蛮之地保护玫瑰鹩，在印度保护椋鸟一样。

出于这些原因，暗棕鵟可以在好望角移民地附近寻求到保护，他们叫它 jakals-vogel(豺鸟)，因为它的叫声很像非洲的狐狸，我们叫它 rotte-vanger(食鼠者)。我们发现这种鵟几乎活跃在所有民居附近，它很喜欢和人类亲近，简直像是家养的鸟。它白天在新耕的田野里度过，栖息在土丘或灌木上，它在那里捕猎所有小型四足动物来填饱肚子。夜晚来临时，它回到房屋附近，栖息在树上或围着牲畜的篱笆上。暗棕鵟在树上或最浓密的灌木中间筑巢，巢由细小的木材和苔藓组成。它在里面铺上非常柔软的羊毛和羽毛。雌鸟只产3枚卵，很少有4枚，有时甚至只有2枚。在我们的保护下，这种鸟类繁殖很快，但产卵量很小。

除了殖民地之外，暗棕鵟也生活在我走过的所有非洲土地上，特别是在土著人的部落附近。这种鸟很容易让人接近，然而天性柔弱胆怯。连伯劳去追捕它，它都会十分懦弱地逃走。

暗棕鵟的身形和我们的鵟相近，但它更矮壮，尾羽更短。弯折的翅膀展开时差不多与尾羽末端平齐。

我给这只鸟取的名字描绘了它的主要颜色，即橙红色和黑褐色，黑褐色在头部、颈部和背部占据优势。喉部被混杂的白色修饰，胸部完全为铁锈红，有浅橙红色光泽和几条浅焦黑色斑纹。身体下部有着黑色和暗白色的光泽变化；尾部下方的绒毛是黑色的，混着橙红色。翅膀上大的长羽毛是浅黑色的，向根部方向的羽毛边缘更浅；内侧羽支是浅白色的；其余长羽毛根部是浅黑色的，外侧羽支像大理石一样，休息的时候翅膀遮住的所有部分带着白色和浅黑色的横纹。整个尾羽上部是深橙红色，每根羽毛的根部都带着黑色斑点；只有外侧的两支羽毛边缘为浅黑色，尾部下部是浅橙红灰色。喙的基部、爪子和趾甲是暗淡的黄色；喙几乎是黑色的。眼睛很大，为深棕色。

暗棕鵟的雄鸟和雌鸟几乎总是在一起，很少分开。在晚上回栖息处过夜之前，我们常常可以看到它们一起盘旋着在空中上升。这时人们可以听到它们尖厉刺耳的鸣叫，这种叫声就是豺鸟名字的来源。

暗棕鵟雄鸟所有部分的尺寸都比雌鸟小一些。黑色更深，胸部的红色更深，混杂了更多的焦黑色。

红背鵟

英文名 | Red-backed Hawk　拉丁文名 | Buteo polyosoma

红背鵟

猛禽／鹰形目／鹰科／鵟属

我将前一种鵟命名为暗棕鵟，出于同样的理由，本篇中的鵟被我命名为红背鵟。这样的名字清楚地说明了这一物种羽毛的主要色调。红背鵟全身均为或深或浅的铁锈红色，只有翅膀上大的长羽毛是黑色的，颈部前方的羽毛和胸部以及尾羽下方的绒毛是浅灰白色的。尾羽上部完全是红棕色的，下部是灰色调，有几条不太明显的横纹。腹部的橙红色比背部浅，也有几条焦黑色斑纹。喙和爪子是漂亮的柠檬黄；趾甲是黑色的；眼睛是浅红色。

这种鵟和前一个物种一样是留鸟；和暗棕鵟比起来，它更像开普敦的野生鵟，前者更像家养鵟。也很可能由于红背鵟比暗棕鵟更小更弱，它的能力有限，不能生活在被殖民者开垦的土地上。而那里已经被拥有更强大力量的暗棕鵟占领了。红背鵟，像所有更亲近大自然的生物一样，被逼退回原生的自然中。像该地区的土著人，为了躲避残暴的白人甚至他们文明化的同胞，一点点地后撤，直到退居沙漠里，数量随着迫害者的增加而降低。毫无疑问，基于同一个原因，红背鵟在殖民地分布极少，它只栖息在干旱而且荒无人烟的地区。

尽管红背鵟也产3枚卵，有时4枚，这种鸟儿的数量却比暗棕鵟少得多。红背鵟以鼹鼠、田鼠、老鼠甚至昆虫为食；它的叫声很接近我们欧洲的鵟。

对比红背鵟和暗棕鵟，我们发现红背鵟身材更狭长，不那么矮壮；它的尾羽更长，喙看起来更纤弱。它不那么习惯人类社会，更胆怯，很难让人接近。红背鵟雌鸟比雄鸟稍大一点，除此之外雌雄鸟儿几乎完全一致。只是雌鸟羽毛的橙红色更弱。雄鸟和雌鸟很少分开。它们在灌木中筑巢，筑巢材料和暗棕鵟的筑巢材料相同。

毛脚鵟

英文名 | *Rough-legged Hawk*　拉丁文名 | *Buteo lagopus*

毛脚鵟

猛禽／鹰形目／鹰科／鵟属

这种鵟有个很容易识别的特点，和其他的非洲鵟都不同：它的跗骨全部被羽毛覆盖，一直到爪趾。它腿上的羽毛，非常浓密，垂得很低，可以碰触到后面的趾甲，甚至经常超过趾甲。

毛脚鵟分布在非洲树木密集的地区，比其他种类更孤僻。它们总是避开当地居民，独自生存。它们的生活习性比暗棕鵟和红背鵟更野蛮。毛脚鵟更迷恋捕猎，也比它们更英勇，不会任凭伯劳和乌鸦追逐。它飞得敏捷而用力，经常捕捉鹧鸪。它们在树上栖坐着等待猎物，当鹧鸪在不远处露面时才飞出去捕猎。

这种鸟类栖息在奥特尼夸人的森林里，我仅仅在非洲的这一地区看到过它们。它们通常栖息在树冠中，很难被发现。可是如果在这一地区附近有一些枯死的大树，它们也会在那里休息，在饱食之后尤其如此。我们若是埋伏在那里，就可以很容易将它们捕获。

毛脚鵟的体型与外形和欧洲常见的鵟差不多，羽毛看起来几乎一样。同类里面有很多变种，我们很容易将它认作其他变种。第一眼就可以从跗骨区分出来，它的跗骨全部布满羽毛；纤细的喙和更细的爪子是另一个典型特征。它的尾羽也比较长；喙的基部和爪趾是黄色的。喙为淡蓝色，趾甲是黑色的，眼睛为榛棕色。

毛脚鵟的所有羽毛差不多都是棕色的，底色为浅红白色，胸前和尾羽颜色更均匀。肋部两侧有更大面积的棕色羽毛，有两个较大的棕色斑点；腿上的羽毛有半圆形斑点，这些斑点在羽毛上对称分布。尾羽底部为白色，末端有一簇黑色；上面是白色的，直到一半长度开始有浅浅的红色，向底部方向颜色越来越深，到了底部变为黑褐色，最后由一片白色斑点结束，尾羽上的每一根羽毛末端都是白色的。背部和翅膀为深棕色，颜色稍浅。弯折的翅膀展开时可以覆盖至尾羽末端，尾羽长度次第变化。

啸鸢

英文名 | Whistling Kite　拉丁文名 | Haliastur sphenurus

啸鸢

猛禽／鹰形目／鹰科／啸鸢属

在众多的难以辨认的猛禽之中，鸢类的特征最明显。它有着分叉的尾羽和长长的翅膀，翅膀甚至长过尾羽，而尾羽本身已经足够长了。

啸鸢的头部上方、颈部、肩胛和整个背部，是一种丹宁棕色；所有这些部位的每根羽毛羽轴均为浅黑色，边缘颜色稍浅。翅膀上最大的绒毛边缘颜色更浅。翅膀上大的长羽毛是黑色的，中型羽毛颜色略浅，最小的羽毛是棕色的。面颊和喉部是浅白色；胸部和背部颜色相同。腹部、腿和尾巴下侧是一种漂亮的肉桂色或桃花心木的颜色；通常这只鸟儿的所有羽毛的羽轴上都有一条浅黑色细纹。尾羽为棕色，有深色横纹；只有两侧的第一支羽毛末端是一种淡淡的浅黄色；虹膜是榛棕色。

啸鸢雌鸟比雄鸟身量略大，颜色更暗。

我在非洲所有驻足过的地方都看到过啸鸢。最常见的是在小型猎物数量丰富的地区，特别是撒哈拉沙漠以南和大纳玛夸兰人的地区。在开普敦殖民地，居民们把这种鸟叫作 kuyken-dief，意思是"偷鸡贼"。

啸鸢的性情比我们欧洲的鸢更加勇敢。即使在人类的监视下，它们同样敢于扑向幼小的家禽。在每天里的某些时刻，总有几只这种飞贼出现在人类住所附近。在我旅行时，它们总要到我的露营地上来几次。每次落在我的搬运车上，必然会夺走几块肉。即使被与我同行的霍屯督人追捕，它们也很快带着贪婪的胃口和使人厌烦的勇气再度归来。步枪也驱赶不走这些啸鸢，它们即使受伤也会再次出现。它们如此贪婪而且勇敢，几乎会直接从我们的手中或厨房中夺走我们的午餐。饱食之后，它们又在空中自由地飞翔。在河岸边，我见到这种鸢鸟从高空中突然下降，为了捕捉一条鱼而沿着水面低飞。和我们的鸢一样，鱼对它们来说是一种非常美味的食物。它们也在各种地方捕猎各种小型动物。它们非常喜欢被我们杀掉的大型四足动物。不得已时，它们也接受腐肉。啸鸢同样充满勇气地抢夺它的死敌——乌鸦——的残羹：乌鸦带着猎物徒劳的躲避，啸鸢穷追不舍，迫使它们放弃。

它们也勇猛地和鵟以及其他的猛禽，或者更弱小更怯懦的鸟儿战斗。在战斗中它们很好地利用自己的飞行能力和轻灵的身材谋划布局，飞到惊人的高度，在那里发出尖厉的鸣叫。在其他时候啸鸢很少鸣叫。

　　一次这些鸟儿注意到了我的营地，接着在每天同一段时间飞来。每次来拜访我的啸鸢数量都更多一些，有几次我们被12只鸟儿烦扰。我注意到一只啸鸢驻扎在加姆图斯河，我在那里待了相当长时间，它每天忠实地在上午11点和下午4点来拜访我。我十分相信这是同一只鸟儿，因为它一只翅膀上少了四五根中型长羽毛，那是我有一次用步枪击中的结果。我在整个旅途中观察到啸鸢总是在差不多同一个时间在一个地区活动。我注意到欧洲的鸢也有着同样的习惯，在同一时刻经过同样的地点。因此自从我注意到了这样的规律，想错过射杀一只我想要的鸢就没有那么容易了。

　　啸鸢在树上或岩石间筑巢；但若在它栖息的地区附近有一些沼泽，它也喜欢出现在那里。它会把鸟巢建在芦苇中的一些小灌木上。雌鸟产4枚带橙红色斑点的卵。第一次换羽期前，啸鸢身披一层浅灰色绒毛。离巢时，它们的颜色是比之后更暗一点的棕色。它们的尾羽末端几乎是平齐的。幼年时期，啸鸢尾羽的分叉较少，和欧洲的鸢一致。

　　在塞内加尔可以找到一种猛禽，法国人用法语叫它鸢。如果它的确是一种鸢，很可能会是啸鸢。"它吃所有食物。"他们说，"在它饥饿贪婪的时候，它甚至不惧怕火器；它试图从水手那里抢夺熟肉或生肉，用嘴叼走几块。"所有这些很好地反映了我说的啸鸢贪食的特点。另外，啸鸢大量存在于大纳玛夸兰人的地区，如靠近开普敦的回归线的地区，在同纬度的回归线另一边找到同一物种也并不奇怪。

非洲泽鹞

英文名 *African Marsh-harrier*　拉丁文名 *Circus ranivorus*

非洲泽鹞

猛禽／鹰形目／鹰科／鹞属

　　我将这种猛禽命名为非洲泽鹞，它和我们欧洲的鹞差不多，生活习性一模一样，因此可以把它归为鹞类。这种鸟苗条的身体和长长的跗骨很像我们的鹞。区别在于它的喙更长，基部更薄。它们的颜色完全不同，因此从外形就可以将它们轻易区分。非洲泽鹞整个身体上部是一种浅浅的暗土褐色，至少可见部分的羽毛是这个颜色；隐藏部分经常一侧是白色的，羽轴两侧通常是不一样的。喉部和面颊由分散的羽支和单薄的浅白色羽毛覆盖，纵向边缘为棕色；身体下部是浅棕色，胸部和腹部底侧略发白；腿上的羽毛边缘均为浅白色，羽毛为铁红棕色，尾羽底侧也是。翅膀是棕色的，底部横向边缘为白色和浅棕色。尾羽末端平齐，和翅膀的长羽毛颜色相同，有较深的棕色横纹，特别是每根羽毛的中部，边缘颜色较浅。颈部高处和翅膀根部布满白色斑点。爪子乃至爪趾是浅黄色的，喙的基部是一种淡蓝色，末端是黑色，和趾甲一样。弯折的翅膀展开时有尾羽的2/3长。眼睛为灰褐色。

　　开普敦的移民和霍屯督人总是见到这种鹞翱翔在沼泽上空，栖息在灌木丛上或附近的树上，从那里扑向视野中的青蛙，在茂盛的芦苇丛中将它们吞食。他们给它取名叫 kikvors-vanger（青蛙捕食者），我的命名也来源于此（其法语名为grenouillard，法语中青蛙为 grenouille）。这种鸟儿不仅仅满足于捕食青蛙，它还会和所有生活在水边的鸟类搏斗，特别是幼鸟。

　　非洲泽鹞优雅的在沼泽上方翱翔时，它总是眼神专注地守候着它的猎物。一旦发现目标就迅猛地向猎物扑下去。如果在攻击的瞬间它就从芦苇丛里出来了，说明它的狩猎活动失败了；否则它只有在吃完猎物之后才再次出现，它会在捕获猎物的同时就地进食。我在一只非洲泽鹞的胃里找到了鱼的残渣，这说明它也会捕食鱼类。非洲泽鹞在沼泽中和芦苇丛中筑巢，筑巢材料通常是水生植物的茎、杆和叶子。我几次发现它们在孵卵，注意到巢中有3～4枚纯白色的卵。

这种鸟儿通常栖息在从厄加勒斯角到撒哈拉沙漠以南的整个非洲海岸上，我就在这些地区猎杀了几只这样的鸟儿。我不确定在另一侧岸边或者内陆上是不是也生活着一些非洲泽鹞。内陆沙漠和西海岸沿岸上的土壤含沙量大，干燥，沼泽少；这些鸟儿喜欢栖息在更湿润潮湿的地区。在鸽笼河、古利茨河、布拉克河沿岸和奥特尼夸的沼泽里，我见到的非洲泽鹞数量最多。非洲泽鹞雌鸟比雄鸟的身量大1/4，羽毛颜色略浅一些。

在马普托湾附近扎营时，一天我忠实的仆人克拉斯给我带来一只刚刚在附近普利登堡湾和威特德夫特农场之间的沼泽上捕杀的鹞。当时我得了严重的痢疾，因此无法亲手去处理这只鸟，克拉斯尝试着用我的方法将鸟儿剥了皮，和肉一起晒干。但是他的动作还是不够小心熟练，将这只鸟儿完全毁了。我再也没能弄到第二只这样的鸟儿。显然我们不能忽视任何一个观察的机会。因为有时我们放走一只，就再也找不到第二只相同的鸟儿了。同样地，一位旅行家也不能抛弃一只看起来保存的不太好的鸟儿样本。因为就连这样的样本，我们常常也无法第二次获得。我自己就多次遇到这样的事。在旅行初期，我抛弃了一只被火枪打残的鸟儿，没过多久就悔不当初了。即使是有缺陷的东西也需要小心保存，至少要等到我们找到一只更好的替代品时再去抛弃。

在经过大峡谷，沿着克罗姆河旅行的时候，我多次看到一只猛禽在沼泽上空翱翔，它的举止也很像一种鹞。有次晚饭后我窥视了它很久。不幸的是，当它来到我的射程范围内时，我的枪打偏了。它只是擦伤了一点，逃掉了，之后就再也没有出现。我看到的这只鸟儿羽毛全部为黑色，但它的尾羽为纯白色。

非洲鹰

英文名：African Goshawk　拉丁文名：Accipiter tachiro

非洲鹰

猛禽 / 鹰形目 / 鹰科 / 鹰属

在奥特尼夸人的地区，茂密的森林深处，我第一次看到了这一只被我命名为非洲鹰的食肉鸟类。树林寂静，在古树投下的阴影中生长着庞大的植被，人类一代又一代地老去。在这里，大量不同的鸟类温柔和谐地鸣唱着，铁灰色的非洲鹰不和谐的鸣声第一次传入我的耳朵。这只嗜好屠杀的猛禽总是发起战争，是它栖息地上所有小鸟的灾祸。它比我们的秃鹫个头稍小一些。

我本想把非洲鹰归到雀鹰类，可我看到它的跗骨更短，翅膀更狭长，和雀鹰的翅膀形状也并不一致。

非洲鹰在最高大的树木的树杈上筑巢，在巢里铺着柔软的小树枝、苔藓以及许多羽毛。我只找到过一个这样的鸟巢，里面有3只完整覆盖着浅橙红色绒毛的雏鸟。我没有立即将它们取下来带回家，而是留在那里，想让亲鸟把它们养到足够大。之后我每隔三四天就去看一次，甚至给它们带过几只我剥皮保存的鸟儿当食物。我将这些食物放在巢边，再次去的时候发现它们已经将其吞食。但我认为两只亲鸟也分享了这些食物。我看到在鸟巢所在的树枝上有惊人数量的螳螂和蚱蜢翅膀。我想雏鸟主要的食物是昆虫。我一整天都可以听到成年非洲鹰非常尖厉的鸣叫。当我靠近幼鸟时，两只亲鸟都来到这棵树上。它们离我非常近，全心全意地注视着它们的幼鸟。若不是如此，我可以很轻松地一棍子打死这些幼鸟。

当我真正打算夺取雏鸟时，已经为时太晚了。在一个寻常的日子里，我又去看它们。当我走到那里时，却发现已经鸟去巢空了。亲鸟和幼鸟都不见了踪影。我从巢中遗留的几片蛋壳碎屑判断，它们的蛋是白色的，有浅橙红色斑点。

我在平原上从未见过非洲鹰，只在普利登堡湾边十分高大的树上和奥特尼夸的森林里见到过它们。

蛇鹫

英文名 | *Secretarybird*　拉丁文名 | *Sagittarius serpentarius*

蛇鹫

猛禽／鹰形目／蛇鹫科／蛇鹫属

蛇鹫有很长的腿和跗骨，这样它的身体离地面更高，更容易和分泌毒液的爬行动物搏斗。爪趾很短，趾甲钝，因此它不会用它们来按住和举起猎物。它的爪子仅用于以最快速度追逐蛇，或者通过跳跃和反复弹跳躲开蛇发起的带毒液的咬噬。它的爪子很弱，而对于其他食肉鸟类来说爪子非常重要。它翅膀部位的骨骼隆起突出，又钝又圆，有专门的用途。

有了这样的翅膀，它敢于攻击像蛇一样无畏的敌人。在蛇逃离时，蛇鹫还会追逐它；它用翅膀来战斗，翅膀是它进攻和防守的武器。爬行动物突然出现时，如果离自己的洞很远，它会停止，挺立，力图通过头部异乎寻常的膨胀和尖厉的嗞嗞声威胁敌人。接着，蛇鹫会展开一只翅膀，伸到前方，将其像一面神盾一样护住自己，它的腿也同样藏在里面。蛇高耸身体发动攻击。这只猛禽弹跳，敲击，退步，跳向后方，四处跳跃，在战斗中灵巧地躲避对手的毒牙，用翅膀的末端防守。当蛇咬在蛇鹫并不敏感的长羽毛上，耗光毒液还没有制敌时，蛇鹫用另一只翅膀凸起坚硬的部分猛烈地击打它。最终，大爬虫被击昏，摇摇晃晃，在灰尘中打滚，蛇鹫就将它擒获，几次丢向空中，直到它完全没有力气，才一喙打碎它的头，将其整个吞下。若是这爬虫太大，它就用爪趾固定住，将其撕成小块。

蛇鹫同样也吃蜥蜴，和蜥蜴的战斗危险系数要小一些。不幸爬进蛇鹫视野的小乌龟也会被添进它的食谱中。小乌龟被捕获之后和蛇以及蜥蜴一样，先被击碎头骨，接着被一口吞掉。蛇鹫也会捕食昆虫和蚱蜢。

我杀过一只雄性蛇鹫，在它的嗉囊里有21只完整的小乌龟，有几只直径将近54毫米，还有11只189～216毫米长的蜥蜴和3条有手臂一样长、27毫米粗的蛇。除了这些东西，我还找到一群蚱蜢和其他昆虫，有几只非常完整，被我收藏了起来。蛇、蜥蜴和乌龟的头上都有一个洞。我也在这只鸟的胃里找到鹅蛋一样大的一团东西。里面只有蛇和蜥蜴的脊椎骨、乌龟的壳、蚱蜢的翅膀和腿，还有几只金龟子的鞘翅。蛇鹫像一些其他猛禽一样从喙中吐出所有这些它消化不掉的动物残躯。

7月份，它们进入发情期，雄鸟会为争夺一只雌鸟进行一场旷日持久的战争。它们彼此用翅膀击打，最后雌鸟总是会跟随胜利者。蛇鹫在该地带最高、最茂盛的灌木丛中筑起一个平面型的巢，像鹰的巢。巢内部用羽毛和兽毛铺设。直径至少有975毫米，树枝被逐渐推向周边，比巢更高，围成一个城墙，遮挡视线，使巢很难被发现。

然而，这种在灌木丛中的筑巢方式和地点有关。我们在开普敦附近观察到，在所有干旱炽热、通常缺乏大树的平原上，它们会在灌木丛中筑巢。在纳塔尔省附近地区，它们的巢建在最高的树上。与鹰一样，同一对鸟儿会连续多年使用同一个鸟巢。雌鸟产2枚卵，经常也有产3枚的时候。这些卵为全白色，有浅橙红色斑点，与鹅蛋一样大，但形状稍长一点。雏鸟的长爪十分脆弱，仅仅能勉强支撑住自己，因此它们在较晚的时候才会飞翔。雏鸟四五个月大的时候终于可以奔跑，这时它们用跗骨踩在爪跟上走路。此时，它们的样子看起来一点儿也不优雅。相反，成年蛇鹫步伐轻盈，举止高雅，动作端庄。它们总是以一种缓慢而令人愉悦的自信平静地踱步。但在需要的时候，它也可以以极快的速度奔跑。被追捕时，比起飞行，蛇鹫更喜欢跑着逃离。这时它的步子迈得很大。如果想要这只鸟飞起来，必须用一种粗暴而突然的方式惊吓它，或者纵马奔驰着追它。即便如此，它飞得也不高，一旦脱离危险马上落地，继续奔跑。

蛇鹫雄鸟和雌鸟很少分开，我们总是看到它们在一起。如果我们在幼年时期就将蛇鹫捕获，它会很容易被驯化，会主动地取食。然而，如果我们过分控制给它的食物，小鸡和雏鸭很快就会成为它的猎物。它不是生而邪恶的；相反的，它看起来热爱和平。饲养场中的家禽若是打斗起来，它很快会赶来分开殴斗者。好望角的很多人在他们的饲养场里养这种鸟儿，一是为了维持饲养场的和平，二是为了摧毁蜥蜴、蛇和老鼠，这些动物常常来偷吃家禽和卵。

淡色歌鹰

英文名 | Pale Chanting-goshawk   拉丁文名 | Melierax canorus

淡色歌鹰

猛禽／鹰形目／鹰科／歌鹰属

这种鸟喙的根部是和爪子一样的黄色，身形优雅，歌声高贵，这些使它成为非洲最美丽的猛禽之一，我叫它淡色歌鹰。和其他所有食肉鸟类不同（如果我们排除非洲海雕），它天赋的特有声音值得拥有这样一个特别的命名。在给自然界中的生物命名时，我们总是力求描绘出它们最显著的特征。

仅凭第一眼观察就去划分的话，淡色歌鹰或许会被划分到雀鹰大类里；然而这样做是不合理的，因为它的翅膀更长、尾羽更短、身体更厚；但是，它有着和雀鹰一样强壮的长跗骨，因此它和其他隼类不同。它的尾羽分层，外部羽毛比中间的短1/3。头部、颈部、胸部和整个身体上方是珍珠灰色，头顶颜色较深，面颊和肩胛上羽毛的一部分有浅棕色；尾巴上部的绒毛是白色的；侧面是灰褐色条纹，带同样颜色的斑点。腹部有浅白色的底色，带很细的浅灰蓝色条纹；羽毛其余部分的条纹分隔很大，腿上是漂亮的灰蓝色。翅膀上的长羽毛是黑色的；尾羽上的每根羽毛末端都是白色的，中间的羽毛是浅黑色的，其他羽毛在浅黑色上加了粗粗的白边。虹膜为深红棕色。喙和趾甲是黑色的。

淡色歌鹰比我们欧洲的隼肥胖。雌鸟和雄鸟的体型大小不同，雌鸟大1/3；喙的基部和爪子是比较浅的黄色，发情期的时候，雄鸟该部位的颜色更鲜艳，橙色更深；雄鸟也会在发情季唱歌，其他种类唱歌的鸟儿大多也是如此。雄鸟总是栖坐在雌鸟身旁的树冠中，一整年都不分离。雌鸟孵卵时，雄鸟就在鸟巢旁边，用一种特殊的方式连续歌唱几个小时。和我们的夜莺一样，在旭日东升和夕阳西斜的时候，我们可以听到它的歌声。有时它们的鸣声也从夜色中几次传来。在它放声鸣唱的时候，我们可以很容易地靠近它。但在那之后，猎人们必须停下来保持不动。若是淡色歌鹰在歌唱间歇换气的时候猎人弄出声响，一点点儿声音就会让它警觉地飞到远处。与所有爱歌唱的鸟儿一样，它对自己的歌声很是骄傲，在歌唱时陶醉于自己的歌声，完全听不到周围发生的事。淡色歌鹰通常栖息在一棵孤零零的树上，人们要靠近并不容易。在这种情况下，最好的办法就是在它习惯去的地方守候着。试图惊吓它是徒劳的，因为一旦看到猎人向它靠近，它就会很快地飞走。

淡色歌鹰会向野兔、鹧鸪、鹌鹑等所有的小型猎物发起野蛮血腥的战争；它也吃鼹鼠、小老鼠和田鼠。抢劫和杀戮是为了满足它巨大的胃口。我养过一只幼鸟，我们似乎总是很难把它喂饱。

雌鸟在树杈上或者茂盛的大型灌木中筑巢；它会产下4枚纯白色、几乎浑圆的卵。在旅行中我吃过淡色歌鹰刚刚产下的新鲜的卵，它尝起来有一点野生水禽的味道。熟了之后，蛋白有很高的透明度，略带一点浅蓝色；蛋黄是一种漂亮的藏红花的红色，蛋壳内部是绿色的。在幼年时期，淡色歌鹰的羽毛混杂了许多浅橙红色。

这种漂亮的鸟儿在撒哈拉沙漠以南地区都可以看到。我也在南非洲的干燥台地高原和肯迪布见过它们。发情期是唯一可以听到雄鸟歌唱的时候，歌的每节长达1分钟。我从没听过雌鸟歌唱。当我发现一对这样的鸟儿时，只要我先射杀雄鸟，就一定能很快捕获雌鸟。因为雌鸟依附于雄鸟，雄鸟被捕，雌鸟会到处寻找，以一种忧伤凄凉的声音不停地呼唤。它徒劳地飞来飞去，我总是能从它的哀鸣中判断出它的位置。但它似乎也不太注意我，看起来像是一心寻死。相反的，如果我先杀掉雌鸟，雄鸟只会变得更加多疑。它会回到最隐蔽的树冠中，整日整夜地歌唱。如果我继续追随过去，它就会离开这个地区，再也不回来。

凤头鹃隼

英文名 | Pacific Baza   拉丁文名 | Aviceda subcristata

凤头鹃隼

猛禽／鹰形目／鹰科／鹃隼属

我觉得这种鸟很接近亚当森从塞内加尔带回来的物种，那里的黑人们叫它 tanas（海东青）；它的羽冠和羽毛与海东青的这些部位非常相似，颜色分布又像我们欧洲的隼；但它的大小和海东青不同，海东青的体型只比隼稍小，然而我的凤头鹃隼则要小得多。后者还有一个很引人注意的特征，这一点布封没有在海东青的描述中提到。它的下喙不仅像海东青一样每侧有一个很明显的钩子，末端还是完全平齐的。我给出的插图很好地画出了这一特征。如果这一点也和塞内加尔的鸟一样，那么布封和他的绘图者都错了。

凤头鹃隼经常在湖边、海边和产鱼丰富的河边活动；它不捕食陆上动物，但会捕鱼，吃所有捉到的小鱼和螃蟹，也凑合吃一些海胆、贻贝和其他贝类。它用很强壮的喙打破外壳来获取食物。我见过它顽强地追随海鸥、海燕，甚至信天翁和鹈鹕，这些鸟的尺寸和力量应该都比它大，但它们都避开它。当凤头鹃隼生活在海岸边时，它在岩石上筑巢。若是生活在内陆地区，它会在常去的河边的树上筑巢，河流给它提供了大量的食物。雌鸟产4枚卵，全部为浅橙红色。雄鸟参与孵化喂养工作，从不离开雌鸟。在雌鸟孵卵期间，它会用心照料，给它送来充足的水果和猎物。这个小家庭会一起生活很长时间，幼鸟在自食其力后才会离巢。

凤头鹃隼非常长的翅膀十分有利于捕猎。它飞行的速度非常迅速，我从未见过它捕鸟。它若想捕鸟也许会很容易。它的鸟喙也十分强壮。有时它会追逐一些鸟儿，对它们发动攻击，吓得这些鸟儿们尖声鸣叫。但在我看来这仅仅是为了将它们从它的领地赶走。

幼鸟和成鸟的区别在于所有羽毛上都有浅黄褐色的部分，喉部是暗白色的，颈部和胸部有斑驳的橙红色和灰褐色。它们的羽冠在学会飞翔之后几个月才长出来。

非洲小雀鹰

英文名 | Little Sparrowhawk　　拉丁文名 | Accipiter minullus

非洲小雀鹰

猛禽 / 鹰形目 / 鹰科 / 鹰属

这是非洲一种很小的雀鹰，毫无疑问是最小的隼类，比我们的灰背隼还小，我将它命名为非洲小雀鹰。它和欧洲常见雀鹰的身材比例相当，但身量小得多。腿和跗骨很长；翅膀末端勉强超过尾羽端部；尾羽末端平齐；翅膀上的第一支长羽毛比第四支短。在所有这些特征上非洲小雀鹰和我们的雀鹰都很相似，但与灰背隼不同。

非洲小雀鹰上体表的所有羽毛都是棕色的，至少我们能看到的部分都是如此。但内侧有白色斑点。喉部是白色的，每根羽毛的中间有一些小小的棕色斑点；胸部也是白色的，但斑点越往下越大，呈泪滴状，尖端在上。我们注意到腹部下方浅白色底色上的斑点是近似圆形的；尾羽下方的斑点是心形的。侧翼和腿上的羽毛带有规则的浅棕色条纹。大的长羽毛外侧是棕色的，内侧羽支有白色条纹；中型长羽毛也是一样，但白色更清晰而且边缘更宽。翅膀底部的小羽毛在橙红色的底色上有小小的棕色斑点。尾部在棕色外衣下，有极细微的大块深色；但内侧羽支是浅白色的，尾部下方可以很明显地看到边缘，边缘有更多层。喙的基部和爪子是黄色的，虹膜为橙黄色，鸟喙和爪趾是黑色的。

尽管体型小巧，非洲小雀鹰却拥有隼类的胆量；它通常捕猎所有小型鸟类并以此为食。但是在食物匮乏以及它的身体瘦弱单薄的时候，它也会捕食昆虫，特别是蚱蜢和螳螂。它不能容忍一只伯劳出现在它的地盘上；它比伯劳更强壮，会追逐它们，逼迫它们远离它的领地。对其他更大型的猛禽也是如此。它经常敢于追逐鸳和鸢，当这些鸟儿猛然冲向它时，它总是迅速地飞走，成功地躲避进攻。乌鸦是它的敌人，它对这些敌人的追击也最猛烈。乌鸦性情贪食，所以当非洲小雀鹰的巢中有鸟卵需要保护时，它对这一敌人更是加倍小心。雄鸟追逐它们时的叫声有点像我们的茶隼。雄鸟和雌鸟很少分离；它们一起捕猎，一起在树上筑巢；雌鸟产5枚底部有棕色斑点的鸟卵。

我在加姆图斯河青翠的河岸上猎杀了第一对这种小雀鹰，雄鸟的样子可见附图。雌鸟差不多是雄鸟的两倍大，羽毛几乎完全一致，背上条纹和胸前斑点的颜色稍浅。

从加姆图斯河到撒哈拉沙漠以南地区的路上，我射杀了7只这样的鸟儿。我发现它们完全一样，颜色上也没有任何细微的差别。我从没见过幼鸟，只见过一个鸟巢，在里面找到了5枚卵。这个鸟巢被建在一棵金合欢花顶上，用柔韧的树枝互相缠绕织成。苔藓和枯叶陈列在外层，内层是十分柔软的兽毛和羽毛。

一天，我像往常一样，在帐篷前给被我杀死的鸟剥皮。一只非洲小雀鹰从我头顶经过，注意到我桌子上有几只鸟，突然猛扑下来。它完全无视我，鲁莽地从我手边夺走了一只我处理好了的鸟儿。就在离我们30步远的树上它停了下来，用一只脚爪按住猎物，用另一只脚爪给鸟儿褪毛。接着它很惊讶地发现，本应该有肉的地方只有苔藓和棉花。但这也没能阻止它将皮撕扯成碎片后吃掉了整个头。

我愉快地看着这只猛禽气愤地撕扯掉这只鸟儿皮肤内的每一片填充物。不久它又回到我头顶上方翱翔。尽管我将其中几只鸟儿特意留下来没有处理，但它却没有再次扑下来。我相信，如果它在第一次尝试时幸运地抓到了一只没处理好的鸟儿，吃了白食后它必然会再次试图这样不劳而获。这对它来说如此简单而且方便，为什么不呢？但上当之后，它显然不愿意再尝试了。

山鵟

英文名 *Mountain Buzzard*　拉丁文名 *Buteo oreophilus*

山鹞

猛禽 / 鹰形目 / 鹰科 / 鹞属

我们习惯于拿国外的鸟类和我们的鸟类做对比，因此认为山鹞和欧洲茶隼很像，两者只是在气候因素影响下产生的不同地区的变种。人们总是试图去发现鸟类之间的关联性，我认为这是一个错误，著名的大作家们也经常会犯这样严重的错误。

我可以指出我注意到的这种非洲鸟类和我们的茶隼之间的区别。这些区别对我来说足以用来澄清误会，说服那些试图将这两种鸟儿当成一种的人改变看法。

山鹞在整个好望角殖民地都非常常见，那儿的居民叫它 Rooye-valk(红隼)，或者 Steen-valk(石隼)。我在自己停留过的非洲各地都发现了这一物种。它经常出现在山上，特别是布满岩石的高山。山鹞终年栖息在自己的山生地中，并且终生不会离开。所有在岩石间成群栖息的小型四足动物、蜥蜴和昆虫都会成为它的猎物。山鹞同样也在最陡峭的岩石间筑起扁平的、上方不遮掩的鸟巢。这个鸟巢是用小树枝和青草建起，做工潦草马虎。通常我们可以在里面找到6~7枚甚至8枚卵，卵壳是比它的羽毛还深的橙红色。

这种鸟儿被我叫作山鹞，是因为它喜欢栖息在高山上而且有着尖锐刺耳的鸣叫。它的鸣声急促而且音符不断重复，非常引人注意。每当人或动物接近它的领地时，它都会这样鸣叫。若是它们的巢中还有鸟卵或雏鸟需要保护，它们会变得更加勇猛，拼命追逐那些试图接近鸟巢的人或动物。

山鹞比我们欧洲的茶隼体型稍大一点儿。它的尾羽不像茶隼那样分层，翅膀展开时只延伸到尾羽中部。然而茶隼的翅膀可以超过尾羽末端。雄性茶隼的头部是浅蓝色的，尾羽也是同样的颜色，末端是白色的，有大片黑色；我们没有在开普敦的山鹞头上或者尾羽上看到这种颜色。雌性茶隼的同样部位是浅橙红色的，这点更像山鹞；但它尾羽的条纹更细，间距更宽，尾羽尽头是一种浅橙红白色，在上方结束，像雄鸟一样，有一片很大的黑色纹路。山鹞的尾羽全部是浅橙红色的，只有几条浅棕色纹路；没有黑色纹路，也没有白色或者浅橙红白色端点。山鹬其余的颜色和茶隼类似；然而在比较这些鸟儿时，我们也发现它们有许多差异。

我注意到茶隼在西班牙和波兰都有分布。尽管这两个地区的气候如此不同，它们却没有明显的差异。

山鹬有黑色的趾甲和喙，喙的根部和爪子是黄色的，喉部为浅白色，面颊和头部后侧是浅橙红色，有棕色杂色。整个背部是一种深橙红色，散布着三角形的黑色斑点。尾羽为浅橙红色，有棕色纹路；腹部和腿是灰褐色的，沿着每根羽毛都有一条黑色斑纹。胸部和肋部是比背部稍浅一点的橙红色，布满纵向的斑点。翅膀上的长羽毛在翅膀弯折时的所有可见范围内都是黑色的；下方带有白色条纹，翅膀下部的所有小羽毛都在白色混杂着橙红色的底色上带有浅黑色斑点。

雌鸟比雄鸟大一点；它的橙红色较浅，背部的黑色斑点数量较少。

雕鸮

英文名 | *Eurasian Eagle-owl*　拉丁文名 | *Bubo bubo*

雕鸮

猛禽／鸮形目／鸱鸮科／雕鸮属

我觉得好望角的雕鸮一定是我们欧洲雕鸮的一个变种。它们的特征几乎完全一样，颜色也相差无几。只是好望角的雕鸮看起来身形稍小，也更矮壮一些。它也有两只"耳朵"，脑袋两侧都有长长的两丛羽毛从前方长起来，准确地说是从眼睛上方开始。它愿意的话，可以把这些羽毛直立起来，但在大多数时候这些羽毛都服帖地躺在头上。这种"耳朵"是唯一鲜明的特征，通过该特征我们可以与其他夜行性鸟类区分开，我们将其命名为雕鸮。我们知道在法国有三种不同种类的夜行猛禽，它们头上的羽毛都可以直立起来：雕鸮，长耳鸮和普通角鸮。这三种鸟儿不仅仅栖息在非洲大陆上，它们在整个古老的大陆上也有广泛的分布。但是在后一地区，在气候的影响下它们的颜色发生了一点儿改变。

我在非洲象河的岸边发现了雕鸮。它比我在欧洲见到的鸟儿身量稍小一点；背上和翅膀的羽毛通常也更黑。眼睛、喙和趾甲完全是同一种颜色。雌鸟在岩石之间的一堆小树枝上产3枚卵。鸟巢中还混杂着苔藓和枯叶。

花头鸺鹠

英文名 | *Pygmy Owl*　拉丁文名 | *Glaucidium passerinum*

花头鸺鹠

猛禽／鸮形目／鸱鸮科／鸺鹠属

毫无疑问，这是所有已知的猫头鹰中最小的一个物种。它的体型比我们普通的角鸮还小，因此比我们的鸮更小。不过它羽毛的颜色与鸮很像。它的喙为黄色，爪子为黑褐色，翅膀伸展不及尾羽端部。喙的基部和喉部长而僵直的刚毛指向前方。这种花头鸺鹠的尾羽足够长，相比它小巧的身形更是如此。这最后一个特征完全将它与我们的鸮区分了开来。鸮的尾羽很短，翅膀展开伸展到尾羽末端。花头鸺鹠头部、翅膀和尾部的羽毛为暗棕色。这些部位上有一些白色的斑点，额部和面颊上有大量的小斑点。翅膀上的斑点更细小。尾羽上有4条白色横纹。喉部和颈部前方为白色的，有浅棕色光泽，腹部和尾部以下的绒毛也是一样。胸部和胸甲被棕色的羽毛覆盖，有暗白色的杂色。跗骨和趾甲完全被羽毛覆盖。

我不知道这种好看的小花头鸺鹠生活在哪个国度，但它也在阿姆斯特丹雷先生的陈列室里占有一席之地。我拥有的这只样本是市民迪弗雷纳(1747—1812年，法国自然学家、编年史作家)赠予的，他是国家自然历史博物馆的自然学家助手。

BIRDS OF AFRICA
VOLUME Ⅱ
OSCINES (Ⅰ)

卷 二

鸣 禽（Ⅰ）

厚嘴渡鸦

英文名 | *Thick-billed Raven*　拉丁文名 | *Corvus crassirostris*

厚嘴渡鸦

鸣禽 / 雀形目 / 鸦科 / 鸦属

这种非洲鸟类的外形与乌鸦相似,即爪子和趾甲很相似,中趾内侧有一层膜,延伸到第一趾节,喙以上的羽毛反转向前,遮盖住鼻孔。然而,它的鸟喙的形状、翅膀的长度以及分层的尾羽又和乌鸦极为不同,我们叫它厚嘴渡鸦。这种鸟似乎填补了乌鸦和秃鹫之间的空白,不过特征上更为接近乌鸦。

这是一种群居、贪婪、喧嚣、大胆、肮脏的鸟儿。它们和乌鸦的口味相似,因此腐肉是它们的主要食物。它们成群结队地活动,有时数目众多而且极其吵闹。这些鸟儿的叫声嘶哑低沉。特别是在外形和生活习性上,它们都与乌鸦相似。作为一种野蛮而恶心的、令人讨厌的生物,它们实在与乌鸦不分你我。厚嘴渡鸦是阴森而令人厌恶的代名词,是一种难以对付的鸟类。

除了我刚刚提到的习惯以外,厚嘴渡鸦明显很喜欢活的猎物——它攻击并杀死小羊羔、幼年瞪羚,啄去它们的眼睛和舌头之后吞食。我们可以看到它尾随水牛群、牛群、马群,甚至犀牛群或独象。成群的厚嘴渡鸦持续栖息在动物们的背上。面对动物们强壮坚实的皮毛,它显然无能为力。它只能将鸟喙插入动物的伤口中,或是动物身体化脓的部分。脓疱引来了虫子,牛虻还会在皮肤厚实处产卵,导致皮毛不再完整。发育良好的幼虫们会吸吮动物大量的鲜血,有些动物失血极多,我几次看到了动物干瘪的尸体。因此这些四足动物会容忍厚嘴渡鸦栖息在它们的背上。出于嗜血的本能,厚嘴渡鸦会为动物们提供消灭寄生虫的服务。

厚嘴渡鸦可以水平飞行很久并可以飞得很高。10月份,它在大灌木丛中或树上筑巢,它的巢穴宽敞内凹,由树枝筑成,内部布满柔软的材料。雌鸟每次产4枚暗绿色带棕色斑点的卵。

厚嘴渡鸦不是一种候鸟,它终生都栖息在自己出生的地方。在非洲开普敦,厚嘴渡鸦被叫作 ring-hals-kraai(戴项链的乌鸦)。

渡鸦

英文名 | *Common Raven*　拉丁文名 | *Corvus corax*

渡鸦

鸣禽 / 雀形目 / 鸦科 / 鸦属

这种乌鸦通常分布在欧洲的所有不同地区,在好望角找到它也并不令人惊讶。然而我观察到,非洲鸟儿的身量稍大一点,鸟喙更大更弯曲;但除此之外,它的其他特征和我们欧洲的乌鸦都很像,它们的生活习性也绝对一致。另一方面,我们注意到在很多地区这种鸟儿的身量或稍大一点或稍小一点,鸟喙或更加隆起或更扁平一些。我们把这种开普敦渡鸦归于我们的乌鸦一类,作为欧洲乌鸦的一个简单变种。

我经常在萨尔达尼亚湾附近的山上看到这种乌鸦。它们结小群一起生活,不会和同属的其他物种混居。它们总是寻觅人们堆放垃圾的地方,以那里的所有腐烂动物为食。蚯蚓、蜗牛、陆龟,甚至昆虫都会成为它们的食物。这种鸟儿有时会集体攻击幼年瞪羚,直到将它们杀死。我们认为欧洲的渡鸦以水果甚至谷粒为食。我没有在非洲看到同样的情况,也从未在它们的胃里找到腐烂动物以外的食物。我在黑人殖民地的耕地里杀死过很多只渡鸦,但生活在萨尔达尼亚湾附近山上的农田里谷物从来没有减产过。移民们告诉我渡鸦不是候鸟,他们全年都会在同一地区看到它们。渡鸦在岩石间孵卵并养育雏鸟;雌鸟产 4~5 枚暗绿色的卵,卵表面有棕色斑点。在这种乌鸦栖息的殖民地地带,移民们把它们和其他乌鸦区别开来,叫它 Groote-kraai(大乌鸦)。

这种鸟的颜色通常是真正的黑色,翅膀和尾羽有光泽,然而不是像秃鼻乌鸦那样的绿色或者绛红色光泽。眼睛呈深棕色;爪子、鸟喙和趾甲是一种漂亮的黑色。尾羽分层很少,弯折的翅膀展开时差不多可以延伸至尾羽3/4的长度。雌鸟比雄鸟略微小一点,黑色更暗。

非洲白颈鸦

英文名 | Pied Crow　拉丁文名 | Corvus albus

非洲白颈鸦

鸣禽／雀形目／鸦科／鸦属

这种非洲小嘴乌鸦非常广泛地分布于好望角一带，从城市直到最遥远的角落都能看到它们的身影。它很可能在整个非洲都有着广泛的分布，我们在塞内加尔发现了它。在好望角它们也很常见。

非洲白颈鸦比在非洲有广泛分布的其他乌鸦数量更多，繁殖更快。在每个居民区，每个游牧民族的地方都栖息着这种乌鸦，它们几乎像家养的一样。它们甚至来到城中屠宰场的门前，经常和厚嘴渡鸦混在一起吞食腐肉。移民们叫它 Bonte kraai(斑点乌鸦)。因为它的羽毛的确有规律地混杂了黑色和白色，而且仅有这两种颜色。白色在肩胛部分，从前方展开一直到胸骨下方，环绕颈部后方，而整个头部都是黑色的，黑色从喉部一直延伸到颈部前方。其余的羽毛都是纯黑色的。肩胛和翅膀的羽毛有浅蓝色的光泽。尾部呈圆形；翅膀展开时超过尾羽长度的3/4。它们的眼睛为榛棕色；鸟喙、爪子和趾甲是黑色的。雌鸟比雄鸟小；黑色更有光泽，白色部分更暗，向下方铺展的面积较小。非洲白颈鸦在树或叶子最多的灌木丛中间筑巢。雌鸟产5~6枚淡绿色的卵，卵表面有棕色的斑点。

和厚嘴渡鸦一样，非洲白颈鸦栖息在大型动物和家畜的背上，剥离并吞食寄生在它们皮肤下的昆虫。我不止一次在旅途中和赶车的人聊起这群围着我的牲畜们的小嘴乌鸦。它们清除了覆盖牛全身的虱子。如果没有这些鸟儿的帮助，我必然要失去不止一头牛。霍屯督人和开普敦移民也因为这群小嘴乌鸦为他们的家畜群提供的服务而尊敬它们。

领伯劳

英文名 | *Fiscal Shrike*　拉丁文名 | *Lanius collaris*

领伯劳

鸣禽／雀形目／伯劳科／伯劳属

现在我们将要描述非洲伯劳的生活习性，我保留了它在好望角的所有殖民地上所拥有的"领伯劳"这个名字。这个名字是移民们取的，因为他们认为这种鸟的习惯和税务员（法语 fiscal，该鸟名 Fiscal）——在开普敦负责纠正殖民地行为的警察——类似。然而从这种伯劳行事的方法来看，它更适合被称为刽子手。

蚱蜢、螳螂或者小型鸟类出现在这一物种的视野中时，它会立即猛扑上去，迅速捕获猎物并将之按在附近树木的荆棘上。它的动作十分娴熟灵巧，这样的刺可以穿过鸟儿或昆虫的头部，将它们固定在半空中。在找不到刺的时候，它就将鸟儿或昆虫的头部固定在一个由两个小树枝组成的树杈中，动作像人类一样敏捷。总之，它一天的工作就是　次又　次的屠杀。它总是这样持续不断地捕猎。我们甚至认为它犯下如此多的暴行，是出于毁灭的欲望而不是对食物的需要，因为它不可能将所有的猎物都送进胃里。它习惯栖息在树木的高处，尤其喜欢干燥的树枝。它们从选好的栖息处扑向所有出现在周围的猎物。饥饿时它就飞到自己的绞架边，从刺上摘下符合它当时胃口的食物。

霍屯督人认为它不喜欢新鲜的肉，它储存食物就是为了使之腐烂。的确，我们极少见到它吞食刚刚捕获的猎物。它很乐于保持如此血腥邪恶的生活习性，而大自然并不是暴力的同盟。因为若是这只鸟儿拥有像我们大型的猛禽一样的体型，它就会变成动物界的灾难。我们只要在这些鸟儿出没的地方略微守候一会儿，就一定能看到领伯劳运用诡计的方法。如果我们愿意在它常出现的地方寻找，也一定能够在每个灌木丛或者每棵树上找到被它挂在那里的受害者们。其中大部分甚至无法食用了，它们已经被晒得太干了。这证实了，领伯劳不停地捕猎更是出于毁灭的本能而不是为了满足胃口。这种鸟儿不是很怕人，因此我们很容易观察到它的所有动作。它迅速抓住一只动物，很快地在一棵树或一棵灌木上找到一个合适的地方，比如一根刺或者一个小丫杈，接着灵敏地处理。完成这些后，它迅速地再次出发,重新开始寻找。我们只要去它停留过的地方,就一定能找到悬在空中、脑袋被戳穿的动物。

领伯劳胆大、报复心强,而且非常吵闹;它会勇猛地追捕所有觊觎它猎物的鸟儿。然而,如果领伯劳将食物分散地储藏,很多鸟类还是伺机分享了领伯劳的战利品,而免于被它追捕。雄鸟之间常常发起残忍的战斗,这些斗争有时直到其中的一方死去才会告止。为争夺雌鸟发生的打斗尤其如此。

领伯劳的鸣啭十分多变,在发情期,它常常几个小时不停地喋喋不休,在树木间以上千种不同的姿势穿梭飞翔。它在很低的空中飞行,总是扎下去又升起来,但从不飞直线。雄鸟和雌鸟从不分离;雄鸟比雌鸟大一点,黑色和白色的羽毛更纯净。这些鸟儿在树枝上筑巢;巢由柔韧的根和苔藓组成,里面装饰了兽毛和羽毛。雌鸟产5枚卵,但常常只孵育4枚,雄鸟和雌鸟一起孵卵。它们精心照顾雏鸟,雏鸟长到已经非常强壮后才会离巢。

领伯劳在好望角十分常见。我们在城市里也见过它,它常出现在所有公园里,在街边的树上和建筑的顶部。我也在内陆各处见到它,包括纳玛夸兰人的地区。无论是生活习性还是颜色,它们都没有任何变化。它始终居住在同样的地带,栖息在同样的树上,不停地重复它不和谐的刺耳鸣声。

红背伯劳

英文名 Red-backed Shrike   拉丁文名 Lanius collurio

红背伯劳

鸣禽／雀形目／伯劳科／伯劳属

这种小伯劳的体型和领伯劳相当，分布在整个欧洲，在非洲的一些地区也十分常见。这种伯劳的鸣声叽叽喳喳，并且总是栖息在树顶上，非常容易被发现。我在开普敦地区暂住期间，它们从未能从我的手下逃离过。我很高兴可以向读者展示我的雄鸟和雌鸟的图像，鸟类学家布里松准确地描述了这种小型欧洲伯劳，非洲的这一鸟儿颜色也完全一致。

这位自然学家几次将因为年龄段的不同和性别的变化形成的差异当成划分物种的特征，但这是可以被原谅的。因为在这一点上，每个人都可能出错。对于那些我们没能仔细考察过的各种鸟类尤其如此。的确，一些有经验的人熟悉这些鸟儿，因此很少弄错。但要达到这一点，就必须完全专心投入于捕猎，跑遍乡间，越过高山，进入森林，几乎要寸步不离地跟随这些一直在旅行的生物。但这种生存方式和辛苦的工作并不适合所有人和所有性格。此外还有一些人可能并没有意识到在大自然中观察的作用，仍认为观察的重要性较低，更不知道观察需要一丝不苟的认真和细心……

红背伯劳雌鸟比雄鸟小一点，头顶和颈后没有雄鸟一样的浅灰白色羽毛，但背部是完全一样的浅橙红棕色；胸部和肋部也是比雄鸟稍浅一点的漂亮粉色。第一次换羽期前，雄鸟和雌鸟看起来一模一样。

这种鸟儿在树中间靠近树干的树杈里筑巢。雌鸟产4～6枚卵，甚至常常只产3枚。

红背伯劳不是非洲的候鸟，我们在所有季节都能找到它。同样的，像布封说的那样，秋天它们也不离开法国。春天和夏天它们住在平原上，生活在几棵孤独的树上。接近冬天的时候，它们返回到树林边缘，那里通常有更多食物。在非洲，气温高得多，它们整年都找得到生存所需，因此总是在一个地区生活。和在欧洲一样，它们主食昆虫，特别是它们的幼虫——毛毛虫。

南非丛鵙

英文名 | *Bokmakierie Bush-shrike*   拉丁文名 | *Telophorus zeylonus*

南非丛䴗

鸣禽／雀形目／丛䴗科／南非丛䴗属

南非丛䴗在整个非洲南部岬角非常常见，在整个荷兰殖民地内陆通常都能找到。我保留了在好望角被使用的南非丛䴗的名字；在不同地区它也有 jentje-bibi 和 couit-couit 这两种名字，同样是象声词。也有人叫它 geele canari-byter，意思是"爱咬人的黄色金丝雀"；在开普敦人们叫它 canari。也有人叫它 eyland-vogel(岛上的鸟)，我不知道为什么——也许是因为它常常出现在涨潮时的海边沙丘上吧。

南非丛䴗在所有地方都大量繁殖；我们发现它们的繁殖地分布在东海岸各处，包括撒哈拉沙漠以南的地区。我也经常在内陆和西海岸上的很多地方看到它们。在斯瓦特兰，我们看到大量的南非丛䴗。总之，一直到开普敦市的花园里，这种鸟儿都很常见。

这种伯劳非常喜欢鸣叫。它的鸣啭很容易模仿，"bac-ba-ki-ri"。前两个音节清晰地通过舌头截断，声音低沉响亮，后两个音节更尖锐，是连在一起的。我也经常注意到后两个音节的第一个升到"发"音，有时也只到"哆"音；但最后一个音总是更低，和前一个只差半调。雄鸟用呼唤的歌声迅速惊起对方，雌鸟一向离它不远，用稍低一点的音调很快回答："cou-it, cou-it。"如果我们学会不同的鸣声，让这些鸟儿自愿来到身边就太简单了。我可以很好地模仿，能够在我的意愿下让雄鸟或者雌鸟无比接近我。我在杀死一只雄鸟几分钟后接着模仿它的鸣声，一定能引来它的同伴；反之亦然。

此外，这种伯劳不是很怕人，很容易进入火枪射程；它们主要以蛀虫、毛毛虫、蜘蛛和所有种类的昆虫为食。但由于它们的翅膀短小，它们的飞行能力不强，因此只能捕猎那些还没学会飞翔的幼鸟。然而它们天生血腥暴力；如果把它们关在一个大鸟笼里，它们会杀死鸟笼中的所有其他的鸟儿。开普敦的税务官经历了这样的事。一天，他的黑奴抓了一只雄性南非丛䴗，放在装满了其他鸟类的一只大鸟笼里。我们回来的时候，立刻看到了这个新俘虏做出的破坏，很快将它转移了。我们看到鸟笼中十分恐怖的场景。13只鸟儿已经被杀，丢在地上；还有很多都受了伤，其余所有受惊的鸟儿被它们的敌人逼视，避在各个角落，藏身在所有可以把自己塞进去的洞里，一群鸟儿摞在一起。屠杀者被转移后，鸟笼中终于恢复了平静的气氛，我们嘱托黑奴们看管好剩下的鸟儿。此外，这种鸟儿以及我叫作领伯劳的鸟儿会持续地在鸟笼周围盘旋。笼中的几只鸟儿将爪子钩在周围的黄铜栅栏上时，它们就会突然发动袭击。

南非丛鵙毫无疑问是最漂亮的鸟之一。它们的羽毛是最令人愉悦的颜色。灰色配着浅浅的橄榄绿色占据了头部上方、颈后部上方和颈部两侧；黄色的眉毛从鼻翼开始环绕眼睛；两条黑色细带分别从嘴巴两侧延伸到颈部两侧，到达胸前同样颜色的大胸甲，恰到好处地装饰着胸部。喉部和颈前部是漂亮的黄水仙色，身体内侧其余的羽毛，一直到尾部下方的绒毛，也都是同样的颜色。背部、肩胛和翅膀上的所有羽毛以及尾部通常是一种橄榄绿色，带着浓重的浅黄色。翅膀前面长羽毛的基部是浅黑褐色；外侧羽支是橄榄绿色，内侧是水洗黑色。尾羽分层的方式有点像我们欧洲的灰伯劳。当尾羽展开的时候，它的末端呈圆形，而不是像领伯劳或者我们欧洲的喜鹊那样是矛头型。中间的两根羽毛和身体下部是同样的绿色；其他部分是黑色的，胸前为黄色；羽毛越短，黄色部分越大；因而每侧的最后一根羽毛完全是黄色的。鸟喙和趾甲是黑色的，爪子为棕色。眼睛是浅红棕色。

雄性和雌性南非丛鵙很少分开；它们在茂盛的灌木丛中筑巢；雌鸟产4～5枚卵，雄鸟和雌鸟轮流孵卵。当雏鸟孵出时，它们长时间紧密跟随照料着它们的父母；整个家庭形成一个小型社会，共同生活，直到雏鸟可以脱离父母帮助的时候才分开；接下来的春天，在换羽两次之后，幼鸟才长出漂亮的羽毛。

纳玛夸兰人给这种伯劳命名为hoep，意思是舌头大幅度动作后的咂嘴声；霍屯督移民叫它orep。

锈色黑鵙

英文名 *Southern Boubou*　拉丁文名 *Laniarius ferrugineus*

锈色黑鵙

鸣禽／雀形目／丛鵙科／黑鵙属

对本篇中的锈色黑鵙，我沿用了和前一种一样的命名方式，那就是使用拟声词(其法语名 boubou 为拟声词)。它不停地歌唱"bou-bou-bou-bou"，就像一个木制时钟。雌鸟总是在雄鸟身旁，用另一种叫声迅速回应，雌鸟的叫声像是"cou-i"；它的回应非常及时，以至于在很长一段时间里我一直以为是雄鸟自己唱出了"bou-bou-cou-i"这样的音节。

这种鸟儿不吃水果和牧草，但吃昆虫，有时也会捕食小鸟，和南非丛鵙一样；开普敦的移民们很好地观察到了这一点，他们叫这种鸟儿 swarte canari byter(黑色金丝雀咬噬者)，或 bonte canari byter(斑点金丝雀咬噬者)。

锈色黑鵙的整个身体上部，包括翅膀和尾部穿着黑色外衣。因此我们很容易辨认。喉部是纯白色的；颈部前方和胸部是带着点浅黄褐色的白色。胸部下方的白色有点灰暗，带点更深的浅黄褐色，肋部、腹部和尾部下方的绒毛颜色更深。翅膀非常小，比南非丛鵙的翅膀还小，只勉强延伸至尾羽基部。所有的长羽毛都是哑光黑色的，每个翅膀上面有一条纵向雪白色的花边分割了每个翅膀，直到翅膀末端中型和大型的绒毛，身体旁边的两根长羽毛有着白色边缘，这两根长羽毛在绒毛的右侧。尾羽完全是黑色的，有着非常轻微的分层；眼睛是深褐色的；喙是黑色的；爪子和趾甲是浅黑褐色的。

雌鸟比雄鸟稍小一点；雄鸟的所有黑色部分，在雌鸟身上是浅棕色，整个身体下部几乎完全是浅黄褐色，只有喉部和胸部是轻微带橙红色的白色。贯穿翅膀的条纹也几乎是完全浅橙红色的，除了纯白色的绒毛部分。

幼鸟时期雌鸟没有白色的绒毛，翅膀的一些绒毛带着铁锈红色的边缘。在这个时期，我们容易将雄鸟错当成雌鸟，它们的颜色和色调变化很相似。

锈色黑鵙在整个非洲所有地区都有着大量分布，从好望角直到撒哈拉沙漠以南地区，沿着东海岸，在东海岸所有我深入过的地方都栖息着一些这样的鸟儿。但我从没有在大纳玛夸兰见过它们，也没有在第二次旅途中经过的地方看到它们的身影。此外，即使我们看不到它，根据它的叫声也可以很好地辨认出这种鸟儿。雌鸟总是迅速跟随雄鸟的叫声鸣叫。我们从未见到雄鸟的鸣声不被雌鸟打断的情形。

锈色黑鹂在最难接近的荆棘之间的灌木丛中筑巢。雌鸟产4～5枚卵，几天之后身披浅橙红色绒毛的雏鸟就被孵出，不久就离巢。而我们知道通常所有雏鸟孵化后都会在巢中待一段时间。不过所有鸟类的天性都是在没有了卵壳的保护后要浑身长满浓密的绒毛并且要尽早离开摇篮。通常所有的鸡形目鸟类，鸭子、雉、鹌鹑、鹧鸪、鸵鸟、鹤驼、鸨、大鸨、小鸨等都是这样。所有幼鸟不仅生下来就可以跑，还可以自己进食，和那些需要长时间生活在巢中接受喂食的雏鸟不同。

黑冠红翅鵙

英文名 Black-crowned Tchagra 拉丁文名 Tchagra senegalus

黑冠红翅鵙

鸣禽／雀形目／丛鵙科／红翅鵙属

黑冠红翅鵙的翅膀比伯劳还小。它们栖息在树冠中，也经常在森林里树叶缠绕的树顶活动。它们只能以缓慢、短暂、费力的方式擦着地面飞行，差不多像那些被我们剪去翅膀的鸟儿。事实上，它们的翅膀展开时末端不是尖的，而是平的，合起来时勉强可以伸展到尾羽基部。这样看起来它们的外形像是有缺陷的，同时它的喙也和南非丛鵙不同，没有那么长，末端显得更细。

鉴于它们短小的翅膀并不能提供多大的飞行动力，黑冠红翅鵙完全不能在栖息处附近飞行着捕猎。因此它满足于在灌木上和低矮的植物中寻找毛毛虫、蜘蛛以及其他身体柔软的昆虫，比如螳螂和蚱蜢。

和很多其他的物种一样，黑冠红翅鵙的外形和生活习惯有很大的关联性。这在一定程度上说明大自然在生物多样性的设计上是怎样的鬼斧神工。例如，当大自然需要活动在低空和地面上的猛禽时，就有了鸵鸟等。它们生来只能在地上奔跑，从不离地，所有的翅膀都没有真正可以支持它们飞到空中的长羽毛。同时它们的爪子健壮厚实，因此在需要的时候它们可以很好地进行长距离行走。同样的，企鹅的外形适合在水中生活。它没有翅膀，在翅膀位置上的是一种鳍，爪子还被安置在了身体后部。它们最多只能在地上走四步，身体总是会向前倾倒。我们通过这些看到了大自然的远见和智慧。

黑冠红翅鵙经常在植被最茂密的地方活动，因此很难被我们发现。但是它会不停地鸣唱，从而暴露它的位置。雄鸟的叫声可以传到很远的地方，听起来类似"tcha-tcha-tcha-gra"，我为它取的名字也正是得益于此。雌鸟比雄鸟小一点，头部上方完全没有黑色的羽毛。除此之外，它们非常相像。不过我们还注意到，雄鸟背部的颜色略深，翅膀长羽毛的橙红色也更加深邃。

我们在灌木中找到了黑冠红翅鵙的鸟巢。雌鸟产5枚有棕色斑点的卵。

非洲鵙

英文名 | *Brubru*　　拉丁文名 | *Nilaus afer*

非洲鵙

鸣禽／雀形目／丛鵙科／非洲鵙属

和其他的伯劳属鸟类相比,非洲鵙的翅膀更宽也更尖。因此它们能够飞到最高的树冠上。它们在树枝之间非常用心地寻找唯一的食物——昆虫,从不攻击其他鸟类。我们也只能在森林中找到它们。它们也更安静,鸣声断断续续,不容易被发现。

我在这里还原了非洲鵙雄鸟和雌鸟的样子。雄鸟的鸣啭清澈,包括多个 bru 音,连续重复 2～3 次,在 r 音上拉长一点。它和发情期的翠雀有着一模一样的鸣啭,它栖坐在树冠中鸣叫来呼唤雌鸟。至于颜色,它们则有着令人愉悦的黑色、棕红色和白色的颜色变化。

雄鸟比雌鸟体型大。头部上方和颈部后方是黑色的。外部的其他羽毛,即背部、肩胛、臀部和尾上部是同样的颜色,但装饰有白色;靠近喙的额部有一条白边,环绕眼睛,随后潜入并逐渐扩大到颈部两侧的黑色羽毛中间。翅膀上占优势的是一大块白色斑点,属于翅膀的绒毛和中型羽毛,中型羽毛大部分都有白边,大的长羽毛也是如此。尾部中央的四根羽毛是黑色的,其他逐渐变成白色,因此两侧的第一根羽毛是全白色的;每侧的尖端都有一块白色斑点。尾部呈圆形,侧面尽头的羽毛比其他要短一些;弯折的翅膀展开时差不多到尾羽的一半长度。喉部、颈部前方、胸部、腹部和尾部下方都是白色的;肋部有一大片铁锈红色,覆盖在身体两侧,从胸部直到腿部、翅膀边缘。眼睛是棕色的,喙是黑色的。雌鸟身体上部是带浅棕红色的暗白色,侧面的棕红色较淡;它的黑色通常也更暗。

在幼年时期,白色部分完全是浅棕红色,身体下方也是一样。这些鸟儿有时会结小群而居,但除了发情季以外,每对鸟儿都独立生活。

我在金合欢树枝的树杈上找到了非洲鵙的鸟巢;巢外部是苔藓和细小的根,内部装饰着兽毛和羽毛。雌鸟产5枚白色的底色带棕色斑点的卵。

栗头丽椋鸟

英文名 *Superb Starling*　拉丁文名 *Lamprotornis superbus*

栗头丽椋鸟

鸣禽／雀形目／椋鸟科／丽辉椋鸟属

这种椋鸟有着美丽闪耀丰富多变的羽毛，比例比其他椋鸟更大，它的喙更厚，爪子更结实，尾羽更短，两侧的尾羽只比中央尾羽约短14毫米。跗骨不那么细长。

栗头丽椋鸟的头部、颈部后侧和两侧，以及翅膀的根部，都是闪耀的金绿色，肩胛和背部是更鲜艳的纯金色；翅膀上的大羽毛是有光泽的钢蓝色，配以绛红色，辅以天青石蓝和深祖母绿的变化；翅膀的长羽毛在紫黑色的底色上，浅紫蓝色缓缓变为绛红色，末端是浓厚而最纯正的金色，在飞羽外侧的羽支上同等的围成一环；在每一支尾羽上都可以看到玫瑰铜色，似乎就像一片细粉尘一样分布，特别是中间的羽毛，侧面边缘为暗绿色，尽头处有漂亮的浅蓝色或浅紫色，这些光泽因鸟儿的姿势不同而变化。颈前部、胸部和身体下部是浅紫金色，看起来和肩胛的颜色一样，但位置高的部分颜色更闪耀。尾羽外侧和内侧的绒毛，以及腹部下方，都是暗绿色；所有羽毛的下部是黑色的。

这种鸟儿展览于雷·德·布鲁克勒瓦德（1699—1737年，苏里南总督）的陈列室里，他有两只样本，并很好心地将其中一只赠与了我。我不知道他是从哪个国家把这些样本带回来的。

非洲丽椋鸟

英文名 | African Pied Starling　拉丁文名 | Lamprotornis bicolor

非洲丽椋鸟

鸣禽 / 雀形目 / 椋鸟科 / 丽辉椋鸟属

我认为非洲丽椋鸟和蒙贝利亚尔所描述的那个叫好望角棕乌鸫的鸟是同一种鸟。即便不是如此，它们至少也十分相似。它比乌鸫肥胖；颈部和尾羽的颜色通常由棕色慢慢变化为闪耀的绿色；腹部下方和尾羽底部是白色的。喙和爪子是浅棕色的；眼睛为榛色；下喙基部内侧带浅黄色，嘴巴也一样。尾羽上有深棕色横纹，这些条纹有一天会消失。

这种鸟在好望角和整个殖民地都非常常见。我们总是可以在部落之间的荒野中找到它们。它们成群飞行，有时有三四千只。这些鸟儿在建筑顶部、墙壁的洞里，或者在屋顶下、房梁之间，甚至常常在谷仓里筑巢。在沙漠中，它们像雨燕和蜂虎一样，在地上的洞里筑巢，或者像啄木鸟一样在树洞里筑巢；它们几乎总是捕猎那些鸟儿，把它们的巢直接占为己有。我也看到它们夺取燕子的巢，在那里产卵。雌鸟产5~6枚浅绿色带棕色斑点的卵。雄鸟比雌鸟大一点。

非洲丽椋鸟在幼年时期羽毛的绿色更闪耀，这一颜色会随着年龄的增长而变化。这是一个很特殊的现象；因为通常所有的鸟类在幼年时期羽毛都最为暗淡。

开普敦的移民们把这种鸟儿叫作 wit-gat-spreuw（白臀椋鸟）。葡萄成熟的时节，它们会在葡萄园里搞很多破坏。在这个季节里它们的饮食十分挑剔；葡萄收获的时候它们会和所有居民争夺。非洲丽椋鸟的鸣啭和我们的欧椋鸟差不多。

簇胸吸蜜鸟

英文名 | *Tui*   拉丁文名 | *Prosthemadera novaeseelandiae*

簇胸吸蜜鸟

鸣禽／雀形目／吸蜜鸟科／簇胸吸蜜鸟属

这是非洲的一种奇特的鸟儿，从外表上看很像淡翅栗翅椋鸟。然而它有一个独特的构造，因为这一构造的存在，它的生活习性，特别是饮食习惯，才区别于其他鸟类。它的舌尖被一定数量的纤维划分，末端呈刷状，很像大多数太阳鸟——这种以吮吸花的汁液为生的鸟类。然而我观察到它拥有的纤维数量更多，我数到了16个，而太阳鸟通常只有2~3个。这种鸟也用同样的方式进食吗？我们对此一无所知。然而我认为这个舌头并不能像太阳鸟那样伸入花萼中。因为它很柔软，一直到喉部底端舌头的根部都是柔软的。而太阳鸟的舌头是一种凹陷的沟槽。在簇胸吸蜜鸟的舌头上我没有看到这一点，相反，它的舌头是扁平的。

我在多西(1737—1793年，法国昆虫学家、矿物学家)那里看到了这种奇妙的鸟儿。但多西无法告诉我这种鸟的特别之处。我们知道在同样气候下也有舌头带着一些纤维的鹦鹉。布封告诉我们，塔希提岛的小型蓝虎皮鹦鹉有尖尖的，末端由短小的白色毛发形成刷状的舌头。它们只喝果汁，拒绝所有固体饮食。大概的确如此，所谓的毛发就是簇胸吸蜜鸟舌头上的细线，因为它们如果真的是毛发就太奇怪了。

史毕尔曼博士(1748—1820年，瑞典自然学家)也提到塔希提岛的另一种蓝虎皮鹦鹉，同样说它的舌头末端呈刷状，很可能以同样方式进食；因此本篇中的簇胸吸蜜鸟也应该同样以果汁为食。

我们使用簇胸吸蜜鸟这个名字是因为它最准确地描述了这一物种的典型特征。它有一个漂亮的皱领。羽毛从喉部下方开始生长，包围颈部前方的一部分，展开直到两侧。羽毛的形状独特：根部3.4毫米窄，缓缓地将宽度减少到长度的一半，最细的地方不比一根头发更显眼；然后突然变宽，同时凹陷并弯成钩形，这些羽毛形成一个小铲斗的形状，几乎环绕整个颈部的羽毛都是如此。这些羽毛在根部是浅绿色的，末端凸起的地方是雪一样的白色；皱领是光彩夺目的白色。我在这只鸟旁边画了一根羽毛,用来更好地表现它的形状。颈部下方后部的所有羽毛末端都像白色的头发,也同样大多数不自然的完全成 S 形。

　　中型羽毛是漂亮的白色,在整个翅膀长度上的褶皱中,形成一大片白色,以对角线的方式穿过翅膀中间。

　　簇胸吸蜜鸟其余的羽毛,翅膀上、胸部、尾部和头部都是一种反射着蓝色光泽的亮绿色,翅膀的绒毛最为闪耀;身体下方,从胸部直到尾羽底部,颜色比较暗淡。头部和喉部也是反射着浅蓝色的亮绿色。喙、爪子和趾甲是黑色的。弯折的翅膀展开时刚过尾羽基部,尾部有 12 根长羽毛;两侧尾羽只比其他的羽毛短差不多 27 毫米,其他尾羽都一样长。

肉垂椋鸟

英文名 Wattled Starling   拉丁文名 Creatophora cinerea

肉垂椋鸟

肉垂椋鸟成群结队地一起生活。我发现它们时，它们似乎在那一地区十分常见，总是吵嚷着追逐水牛群。它们以潮湿地区中生长的浆果、昆虫和蛀虫为食。在大自然中自由生长的肉垂椋鸟十分多疑，很难进入火枪射程。一旦发现或注意到猎人，它们就会长期保留记忆。一次我在一群鸟儿中间开了一枪，之后就完全不能够再接近它们。我不得不用心藏好，使用很多诡计。然而那些没有武器的霍屯督人就可以轻易接近它们。

我第一次看到肉垂椋鸟是在加姆图斯河岸边，在一直到撒哈拉沙漠以南的地区上，我都遇到过很多群肉垂椋鸟。但我从未在西岸见过它们。然而它们似乎即将进行长途迁徙，因为我回到欧洲后，戈登上校给我的朋友特明克寄来了在开普敦市旁边的贝赫杀死的几只肉垂椋鸟。显然它们已经大量到达那里。很可能是几阵强烈的北风将它们吹到了那里，因为这是我第一次在离非洲岬角那么近的地方看到它们。

雄鸟比我们的欧洲椋鸟大一点，雌鸟稍小一点，颜色很相似；但肉冠不同，雄鸟的肉冠非常明显，它们聚集在树上不停地咕咕叫时，我从很远的地方就可以认出它们，它们的咕咕声时而被一声尖锐的令人悲痛的叫声打断。肉冠在喙的下方变为两倍大，包围整个喉部27毫米长，末端分离成两个尖。在额头上横向长起一个9毫米高的卵球形肉冠。头部上方中间还有另一个更高的圆形肉冠，上方凹陷，像心的上半部分；和额头上的肉冠垂直，不过方向相反。它的所有皮肤都是裸露的、呈黑色；脸部也一样，没有羽毛装饰；头后部也是如此；但这部分的皮肤是浅橙红色的。喙是黄色的，爪子也一样，眼睛是棕色的。

肉垂椋鸟的颜色是浅橙红灰色，颈后部和背部更深，身体下侧更浅。翅膀和尾羽是有黝黑光泽的黑色，在黑色、绿色和绛红色之间跳动。尾羽末端平齐，弯折的翅膀展开时差不多到尾羽一半的长度。

雌鸟比雄鸟小一点。它的脸部裸露,没有羽毛,是稍浅一点的黑色。只有喉部有显眼的肉冠,但它紧贴着皮肤。头部上方的肉冠很不明显,特别是中间的那个。它的翅膀和尾部的长羽毛光泽也较少。

在幼年时期,它的外形十分不同,头部完全被羽毛覆盖着,也完全没有肉冠,很容易被当作另外一个物种。在这种状态下,喙为浅棕黄色,爪子为棕色,翅膀前面的长羽毛和尾部的所有羽毛也是棕色。翅膀上的中型羽毛和绒毛、肩胛、背部、颈部、头部和胸部是灰褐色的,而腹部、腿部和尾巴下方是浅白色。

我没有见到这种鸟儿的卵,也从未找到它们的巢。我甚至不知道它们会不会在该地区筑巢,我认为并不会,因为土著们不能告诉我任何关于它们的卵的信息。我认为它们在热的时候到来,在雨季回去。此外,我在加姆图斯河上停留了二个星期,只看到过一只肉垂棕鸟,而突然一天就看到好几群。我杀了几只幼鸟,确定它们是在产卵之后才到达这里的。

在我看到的其中一群鸟儿中,我注意到有几只是全白的。我起初认为它们是另一物种,因为常常有一些群居的鸟儿中混杂着其他不同的种群;我幸运地猎杀了一只,却发现它们是同一物种,只是羽毛发生了变化。

自然学家们通常犯的错误是将鸟的白色羽毛归因于年纪,认为是衰老的标识;然而与此相反,我们找到的所有白色的鸟或白色变种,几乎总是幼鸟,甚至羽毛还没长全,它们结束第二次换毛期后,就会换上正常干净的成熟羽翼。这是一个事实而不是推测。我在欧洲观察了很多全白的鸟儿和白色变种,它们包括11只完整的麻雀、3只树麻雀、9只乌鸫、2只知更鸟、5只鸫鹆、1只山鹬、2只沙锥、7只燕子、3只燕雀、5只小嘴乌鸦、3只喜鹊、4只鹤鹑、22只云雀、2只斛鸫、2只大苇莺、1只松鸦和1只锡嘴雀。在非洲,我也同样看到很多变成白色的鸟,所有的都是幼鸟,无一例外。我在鸟笼中圈养了麻雀、云雀和乌鸫。刚开始它们大部分羽毛都是白色的，我希望看到它们之后可以全部变白。然而所有白色的羽毛最后都一点一点地脱落了，逐渐被它们平常的羽毛所替代。

　　但我不否认一只鸟儿也许会在衰老的时候变成白色，因为当一只鸟儿衰老时，就已经不再换羽。它的羽毛由于摩擦而磨损，颜色会略微暗淡一些，通过空气特别是阳光的作用，会闪耀的颜色，像红色、橙色、黄色或嫩绿色，不会再那么鲜艳。

BIRDS OF AFRICA
VOLUME Ⅲ
OSCINES（Ⅱ）

卷 三

鸣 禽（Ⅱ）

橄榄鸫

英文名 | *Olive Thrush*   拉丁文名 | *Turdus olivaceus*

橄榄鸫

鸣禽／雀形目／鸫科／鸫属

鸫科鸟类是候鸟，会出于食物、求偶和繁殖的需要迁徙到不同的地区。当雏鸟长到足够强壮，可以长途跋涉的时候，它们就和亲鸟们一起离开。出发前，它们聚集成很大一群，一起旅行；但到达目的地时，它们很快就完全分开了，有时也成对一起生活，直到下次集体出发之前才会再相聚。因此尽管我们经常见到大群鸫，也不能因此就说它们群居生活，事实上它们完全不在一起生活。这是它们和椋鸟的主要区别，椋鸟全年都聚在一起，甚至在一起产卵育雏。我们在一个很小的空间内常常可以找到所有椋鸟的鸟巢。鸫喜欢独居，我们很少能在相同区域中找到两个鸫的鸟巢。而且它们从来不会出现在同一棵树上，但在一定范围内，很难看不到多个椋鸟巢穴。

蒙贝利亚尔很确定鸫不是有忧郁气质的鸟类；相反，它们非常伶俐，很少有鸟儿像它们这样难以接近射击。它们的飞行路线倾斜曲折，路线十分不同，蒙贝利亚尔说，它们总是可以完美地逃离猎人的致命铅弹。我们常见的鸫是所有鸟类里我所知的最难在飞行中被射杀的。我们将这一物种从葡萄园中驱逐，在这一过程中很难射中几只样本。它们的速度极快，路线曲折，在和猎人的对战中始终可以占上风。所有猎人的劳动通常都以失败告终，特别是那些捕猎经验欠缺的人。

我在非洲找到一种鸫，我叫它橄榄鸫。这种鸫在所有好望角殖民地都非常常见，我们欧洲的鸫在非洲有着大量分布。它们通常被叫作葡萄园的鸫。它们的体型和外形都一模一样；值得注意的是，它们也有着同样的叫声。

在求偶期，橄榄鸫雄鸟会演绎一种鸣唱，和我们的鸫在美丽的早晨或春天的傍晚发出的声音很像。这种鸟儿栖息在最高的树冠中歌唱。它的歌声听起来非常美妙，在远处聆听最好。因为离它太近的时候它的歌声会有些变化，有点沉重和单调。它在太阳升起前的一两个小时里开始歌唱；白天沉默，太阳落山时重新开始歌唱，直到夜幕降临。当周围很安静的时候，有时它会被皎洁的月光吸引，在夜间久久地歌唱。

这种鸫在开普敦市附近有着大量分布，特别是在有葡萄园的地区。它们在葡萄成熟的时节聚集到一起，大肆抢掠这种甜美多汁的果实。

11月，我找到了橄榄鸫的卵，它接近圆形，浅白绿色的底遍布着棕红色的斑点，大的一端斑点更多。它们的数量从不超过5枚，但一般雌鸟只孵化4枚，常常只有3枚。巢的开口大、底部小，外部由错综缠绕的小树枝组成，内部非常具有艺术性的环绕装饰着纤细的根。但这些鸟巢并没有我们的鸫的鸟巢一样精致。

除了葡萄、无花果和所有多汁的水果，橄榄鸫也贪吃浆果，它们也吃蛀虫、毛毛虫和所有柔软的昆虫。它们会沿着篱笆、灌木、树下的地上觅食。溪流两岸的食物最丰富，因此最受到它们的喜欢。旅行者在有水的地方附近一定可以找到鸫。这很自然的解释了，为什么这种鸟儿在内陆十分罕见，而从广阔的东部海岸一直到撒哈拉沙漠以南的地区却很丰富。毫无疑问，在整个干旱的西岸上我们找不到一只橄榄鸫，至少我从未遇见过。

南非矶鸫

英文名 *Cape Rock-thrush*　拉丁文名 *Monticola rupestris*

南非矶鸫

鸣禽／雀形目／鹟科／矶鸫属

南非矶鸫是一种习惯住在岩石间的乌鸫，生活习性和我们欧洲的白背矶鸫很接近。它们的颜色几乎一样，很多人第一眼看到的时候会把它们当成同一物种由于气候更热或一些当地原因而产生的变种。我也承认如果没有在它们之间找到除了颜色和体型之外的不同之处，我也会将这种非洲矶鸫当成欧洲物种的一个变种；但将它们进行对比之后，我们注意到在翅膀形状上有一个很细微的差别，欧洲的白背矶鸫，根据蒙特利贝尔所说，翅膀很长，展开时几乎可以到达尾羽末端；然而非洲种类的翅膀还不到它的一半长。

雄性南非矶鸫和我们的欧洲鸫体型差不多；只是尾羽稍短一点，因此看起来更粗短。雌鸟通常稍小一点，不仅颜色稍暗，而且头部和部分颈部不像雄鸟一样是浅灰蓝色的，而是浅棕色的。雄鸟和雌鸟的身体下部，从胸部直到且包括尾羽下方，以及臀部，都是火红色的；但雄鸟的颜色更鲜艳。背部、翅膀和中间的两根尾羽都是棕色的，雌鸟颜色更暗。尾部两侧各5根羽毛是橙红色的；最外侧的尾羽沿着外侧羽支有一条棕色的线。喙和趾甲是黑色的；爪子为浅棕色，眼睛为红棕色。更准确的说，翅膀上的所有羽毛边缘都比底色更浅，比羽轴颜色要深；尾羽末端是整齐的，弯折的翅膀展开时不能完全到达尾羽中部。

在幼年时期，雄鸟的头部不是浅蓝色的，而是看起来和雌鸟一模一样。雄鸟和雌鸟的身体下部都有着很浅的橙红色，身体上部是棕色；但橙红色的羽毛边缘是棕色的，而棕色羽毛的边缘是橙红色。这造成了一种好看的效果，仿佛身披细小的鳞片。

我们推测它们常常孵出5只雏鸟，因为我经常在巢中找到包括亲鸟在内的一家7口。我从未见到更大的家庭，但有时数量更少。

这种矶鸫不只在我到过的非洲南部内陆生存，它们在开普敦市附近的山上也很常见。总之，我们通常在所有干旱的山上，特别是覆盖着岩石的山上看到这一物种。尽管南非矶鸫有着十分普遍的分布，它们却很难被我们捕获。因为它不仅很多疑，不会进入火枪射程，而且总是栖息在悬崖上面。即使被射杀，猎人也到达不了它们跌落的地方。

雌鸟在最深的岩穴和岩石缝隙中产卵，因此我没能收获一些样本。尽管有几次发现了藏着巢穴的洞的入口，我也无法进入。

这种鸟，在非洲和在欧洲一样，都有着漂亮的嗓音和模仿它们所在地区所有鸟类鸣声的能力。欧洲人的偏见是生活在热带地区的鸟儿不能像我们寒冷气候下的物种一样动听地歌唱。一有机会提到非洲鸟类，我就会去纠正这个错误。因为在非洲确实有着10倍于欧洲的善于歌唱的鸟儿的数量。听过非洲海雕和淡色歌鹰鸣唱之后，我们甚至觉得在我们那儿的鸟儿只能发出嘶哑或令人心碎的叫声罢了，非洲鸟类天籁般的声音非常动人。我们听到很多非洲的鸟类唱得不比我们的夜莺或者黑顶林莺差，而后者在我们的树林中已经是主唱了。

南非鹎

英文名 | Cape Bulbul　拉丁文名 | Pycnonotus capensis

南非鹎

鸣禽／雀形目／鹎科／鹎属

　　我保留了非洲这只棕色的鹎 Cape Bulbul 的名字，这是蒙特贝利尔的命名。这位自然学家在布里松之后描述了这只鸟儿，布里松是第一个在他的著作《鸟类学》(第二册, 259 页)中提到这种鸟的人。他为这一物种取名叫开普敦棕鹎。这两位鸟类学家都没有给出这种鸟儿的彩图，因此我们在此做了插图。

　　南非鹎在好望角一带十分常见，特别是在斯瓦特兰。在那里它被叫作 geel-gat (黄臀鸟)。这种鸟儿吃浆果和昆虫，天生喜欢叽叽喳喳地叫；体型和云雀差不多。它的颜色是一抹土褐色，散乱分布在所有羽毛上，包括翅膀和尾部，接近腹部的部位颜色迅速变淡，腹部是浅白色的；尾羽下方的绒毛是漂亮的柠檬黄。这种鸟儿在盛产水果的季节十分常见，对食物十分挑剔，水果是它们最爱的食物。南非鹎的眼睛是榛棕色的，喙、爪子和趾甲是黑褐色的。尾羽末端整齐，弯折的翅膀展开时只到尾羽基部。

　　雌鸟比雄鸟小一点；它的棕色羽毛颜色更淡，尾羽下方的黄色也稍稍更淡一些。这些鸟儿在灌木丛中筑巢，产5枚卵。

　　南非鹎不只在开普敦附近居住，我们在整个殖民地上都能找到它们的踪迹。

红眼鹎（上）

英文名 | Blacked-fronted Bulbul　拉丁文名 | Pycnonotus nigricans

黄腹绿鹎（下）

英文名 | Sombre Greenbul　拉丁文名 | Andropadus importunus

红眼鹎

鸣禽／雀形目／鹎科／鹎属

　　我们在好望角一带找不到红眼鹎，东岸也没有它们的踪迹，但在纳玛夸兰人的国度栖息着大量这样的鸟儿。特别是在从奥兰治河直到南回归线之间的地区。在这里我总是能发现很多只这样的鸟儿。雄鸟和我们的云雀体型差不多，但略细长。只有头部和喉部是黑色的；其余所有羽毛都是土褐色的，翅膀和尾羽上颜色更深；这种土褐色在胸部稍浅，到了腹部已经变成纯白色。尾部以下的绒毛是柠檬黄色。眼睛是深棕色，周围有橙色的半分厚的眼睑。喙和爪子是浅棕色的。

　　雌鸟比雄鸟体型稍小；棕色更浅，头部黑色稍浅，尾羽下方的黄色也比较浅。

　　这种乌鸫非常活跃而且喧嚣；整个地区的所有乌鸫在太阳落山时会聚集到一起。在同一丛灌木中，它们不停地鸣叫，做着回旋猛然下冲，扑向所有路过的昆虫和小飞虫。但红眼鹎没有鹟那么灵巧，捕猎过程中，它们会面对大量的失败。但似乎它们将这种捕猎当作一种娱乐，而非生存的需要。它们喜欢在河边聚会，一起练习这样的游戏，直到夜幕降临。

　　在奥兰治河岸边和整个纳玛夸兰人的国度栖息着大量的红眼鹎，一个人一个早上很容易就可以射杀50只样本。它们在茂密的灌木丛中筑巢，产5枚浅橄榄绿色的卵。幼鸟离巢时，尾羽下部已经是黄色的了；但头部还不是黑色的，要在第二次换羽时才会变成黑色；眼睑在第一次换羽期前也还没有颜色。因此幼年红眼鹎看起来和黄臀乌鸫一模一样；成鸟时期才有区别。它的体型更大一点，头部是黑色的，而且有着橙色的眼睑。红眼鹎也吃昆虫和水果，特别是野生浆果。

黄腹绿鹟

鸣禽／雀形目／鹟科／黄腹绿鹟属

黄腹绿鹟和前一种鸟儿有着一模一样的外形和体型，完全属于同一属，也一样好动，一样吵闹。但它的鸣啭变化更少，一共只有一个音 pit，但不停地在不同的声调上重复。它天性非常好奇，总是来到最靠近人类的树上栖息，观察着人们，并在树上跟随着人们的活动，同时一直重复它"pit-pit"的叫声。

这种鸟儿总是不屈不挠地跟着我。我常常要在它们的栖息地上躲藏守候，期望着某种特别的鸟类出现。这时候它们的这种脾性总让我气愤不已。一旦一只黄腹绿鹟看到我，它就不会再离开我。之后我花费再长的时间等待梦寐以求的物种都会变得徒劳无功。因为它的一切动作和叫声都将我暴露给所有其他的鸟儿，它就像是一个间谍。除了射杀它，我完全没有其他的办法把它摆脱掉。很多次，当我回到我的帐篷里，想安静的工作时，这些鸟儿持续的叫声总是把我激怒。几只黄腹绿鹟似乎就在我营地附近的树上，为了摆脱它们无休止的纠缠，我不得不将它们全部射杀。

因此，我给这种喧嚣的鸟儿所取的名字很符合它的习性，即它十分纠缠、惹人厌烦的个性(法语名为 importun，意为纠缠的、令人厌烦的)。在我的营地上，我们叫它"pit"，但我更喜欢这种能够说明它好奇和纠缠不休的性格的命名方式。

雄鸟和雌鸟几乎终年相伴着生活，它们总是在树冠中栖息。因此我们实在厌倦了它们恼人的鸣声时，只能开枪将它们射杀。它们在大树的树枝上筑巢；雌鸟产 4～5 枚带浅橄榄绿色斑点的鸟卵。

黄腹绿鹟的羽毛非常整齐；整个上体表都是一种暗橄榄绿色，然而身体下部带着更浅的色调。翅膀的大的长羽毛和尾部侧边的长羽毛边缘为浅黄色。喙、爪子和趾甲是米黄色的；眼睛为深棕色。雌鸟比雄鸟稍小；雌鸟和雄鸟的羽毛颜色一模一样。

黑顶娇莺

英文名 Black-capped Apalis　拉丁文名 Apalis nigriceps

黑顶娇莺

鸣禽／雀形目／扇尾莺科／娇莺属

这种乌鸫比我们的麻雀体型稍大。雄鸟有着橙黄色的喙和肉色的爪子。头部上方和颈部后方是哑光黑色；身体上部的其余羽毛是搭配了浅橄榄绿色的棕色；翅膀和尾部的所有可见部分是较深的棕色；只有前面长羽毛的外侧羽支边缘是较浅的棕色，内侧是浅黑色。整个身体下侧是带浅蓝色的灰白色，在腹部和尾部下方的绒毛大量变白。眼睛是红棕色的。

我只在布朗山口的森林里看到过黑顶娇莺，在那里这种鸟儿数目众多，我射杀了5只——3只雄鸟和2只雌鸟；雌鸟比雄鸟小一点，头部上方是和背部一样的棕色，这一点和雄鸟不同，雌鸟的头部不是黑色的。

我在这种鸟儿的胃里只找到了昆虫和野生浆果的残骸。我没有看到它们的巢，也没有看到它们的卵，我不知道它们在这个地区被叫作什么。

雄鸟有更令人愉悦的嗓音，在早上和傍晚歌唱。它们并不像我们的乌鸫一样栖息在树顶，反而是栖息在水边的灌木丛里。我也只在这样的地方找到过它们。

鹊鸲

英文名 *Oriental Magpie-robin*　拉丁文名 *Copsychus saularis*

鹊鸲

鸣禽／雀形目／鹟科／鹊鸲属

阿尔宾描述过这种鸟类，并为它取名为 dial bird(钟盘鸟)，他说这是孟加拉居民取的名字。为了不增加无用的名字，我们就保留这个命名，尽管我们承认并不知道这个命名的理由。我们认为是因为这种鸟儿在一天当中的某些特定时刻歌唱。在有这种鸟儿分布的孟加拉，和在非洲一样，雄鸟开始歌唱的时间(其法语名为 cadran，意为钟盘)标志着太阳的升起和下落，在人们的心中也与白天和黑夜产生了关联。

这种鸟儿的体型和云雀差不多。从鸟喙端部到尾羽端部长206～211毫米。头部、肩胛、背部、颈部和胸部是最闪耀清澈的黑色；翅膀是同样的黑色，只有一部分的大绒毛是漂亮的雪白色，每个翅膀的第16支和第17支长羽毛的外侧边缘是同样的白色。中央的两支尾羽为黑色，每根羽毛端部有一个小小的白色斑点；两侧的4支尾羽是耀眼的纯白色，长度次第变化。肋部、腹部、腿部和尾部下方的绒毛以及翅膀下方的绒毛同样是漂亮的白色。鸟喙是黑色的；爪子和趾甲是棕色的，眼睛为浅黄色。

雌鸟比雄鸟稍小一点；雄鸟的黑色部分，在雌鸟身上是棕色的，它的白色也带着浅橙红色。

这种鸟儿非常好动，总是在树枝之间不停地飞来飞去。因此我们很难在树木之间追踪到它们。它们的天性十分警惕，很难让人接近，至少在不歌唱的时候很难被靠近。它在清晨和傍晚歌唱。在天气特别晴朗，没有风的夜里这些鸟儿也会高歌一曲。

我也没能获得鹊鸲的巢。我只在大纳玛夸兰人国度的边境上见过它们的鸟巢，那是一个极糟糕的地带。我当时不得不急匆匆地穿过，去为我旅行队里的牲畜寻找牧草和水。

旋褐木鹎（上）

英文名 *Terrestrial Brownbul*   拉丁文名 *Phyllastrephus terrestris*

澳洲喜鹊（下）

英文名 *Australian Magpie*   拉丁文名 *Cracticus tibicen*

123

旋褐木鹛

鸣禽／雀形目／鹛科／旋木鹛属

我把这种总是在荆棘间不停鸣叫的非洲鸟类叫作旋褐木鹛。我们总是能在很多低矮茂密的灌木丛下阴凉的地面上看到五六只这种鸟拥挤在一起。它们看起来像是在争吵，每只鸟儿都发出不同的声调。这种喧闹的嘈杂声只是令人觉得厌烦而不是有趣。我们很少能看到这种鸟儿栖息在树上。它们似乎固定地在低矮的植物和地面上活动，用鸟喙和爪子翻过枯叶，在枯叶底下寻找蛀虫和昆虫。它们在枝叶最茂密的灌木丛上离地面32.5厘米的地方筑巢。巢用苔藓装饰，内部铺满细小柔软的根。雌鸟产4~5枚浅棕色的卵。

旋褐木鹛的体型和我之前描述过的鹊鸲差不多。整个身体上部，包括翅膀和尾部，是暗褐色；喉部是白色的，颈部前方和胸部是浅浅的棕色，肋部是浅棕色，腹部和腿部下方也是同样的颜色。鸟喙、爪子和趾甲是棕色的，眼睛是榛色的。尾羽呈圆形，两侧的尾羽比其他的要短一些。

雌鸟和雄鸟相比，体型稍小一点，棕色也稍浅。

我只在奥特尼夸人的森林里找到过这种鸟儿。它们的喧闹声很快将它们暴露了出来。在灌木丛中我们总是能发现一小群，它们通常是同一窝鸟儿。但我们很难将这种鸟儿捕获。因为它们总是在最茂密的树林中贴近地面走动，即使能听到它们的声音，也不太容易观察到它们的身影。

澳洲喜鹊

鸣禽／雀形目／钟鹊科／澳洲喜鹊属

我认为这里描述的这种鸟类和乌鸦属鸟类差得很远。只有鸟喙的外形有点相似，其他特征完全不同，包括它们的结构、习性以及筑巢方式。这种鸟儿有着低沉的声音和令人愉快的笛声般的音调。它总是不断地鸣叫，因此我将它命名为"吹笛者"（法语名为 flûteur，意为吹笛子的人，中文名为澳洲喜鹊）。和我们的大苇莺一样，它居住在芦苇丛间，常常出现在水边，喜欢在沼泽中活动。它总是在极低的空中飞行，飞行的样子极为笨拙。它的身体极为肥胖笨拙，翅膀弱小、不合比例，翅膀闭合时不能超过尾羽基部。因此它很少使用翅膀。当它要平静的休息时，它会沿着芦苇爬行或附着在芦苇的茎上。它也会在一根根芦苇上跳来跳去，走过一整个沼泽，寻找蜘蛛、毛毛虫、蝴蝶——所有虫子以及它们的幼虫。这种鸟儿总是很肥胖，相对于它的体型来说肉很多。

澳洲喜鹊尾羽的形状很特殊，拥有相同尾羽的鸟类很少见。它的尾羽和整个身体一样长，长度不同、变化有序、端部尖锐。它更突出的特点在于，长尾羽的羽支的端部颜色非常浅，形成一个看似透明的部分。尾羽的末端和侧面总是有点磨损。这显然是在芦苇叶子上过度摩擦造成的。这种鸟儿可以拖着尾羽在芦苇叶子上不停地爬上爬下，但不是用像啄木鸟那样的方式，而是用爪子抓紧芦苇，两只爪子交替攀升或下降，同时用鸟喙辅助。这完全是鹦鹉的方式。

雌鸟比雄鸟稍小一点；尾羽也没有那么长；背部的颜色不那么明显，喉部没有黑色斑点。雄鸟和雌鸟总是在一起，很少分开。雌鸟没有笛声般的嗓音；它只会为了回应雄鸟令人愉悦的鸣叫而发出一种低低的叫声。

开普敦的澳洲喜鹊求偶期开始于8月份。一对澳洲喜鹊在芦苇中选择一个合适的地方筑巢。这个地方通常植被茂盛，可以提供足够的阴凉和很好的遮盖。鸟巢与一些芦苇相联结，悬在芦苇丛中。巢外部由芦苇叶子组成，澳洲喜鹊可以将叶子扯成细薄片，这样更容易折叠，可以任意扭曲。巢的内部是非常柔软的芦苇花。雌鸟产5枚卵，有时有6枚甚至7枚，是浅橙红色的。

这些鸟在好望角附近所有沼泽里都很常见。我在东海岸上所有沼泽地里发现了它们的身影。在河岸边也是如此，但它们从不出现在芦苇不够茂密的地方。我在西海岸丛克鲁伊斯河直到瓦勒尔谷之间的地方完全没有看到澳洲喜鹊的踪影。的确，这一侧沼泽很少。一次经过象河的时候，我们瞥到了它。

白眉薮鸲

英文名 *Red-backed Scrub-robin* 拉丁文名 *Erythropygia leucophrys*

白眉薮鸲

鸣禽／雀形目／鹟科／非洲薮鸲属

白眉薮鸲是唱得最好听的鸟类之一。但是尽管它的声音令人十分愉悦,比起沙薮鸲圆润的嗓音,白眉薮鸲的歌喉依然要逊色一些。然而白眉薮鸲的歌声比黑顶林莺更典雅,后者的歌声只有几个被截断的声调,像吹口哨一样,很容易模仿。

像大多数歌唱的鸟儿一样,在清新的早晨和醉人的黄昏,白眉薮鸲愉悦地唱起温柔如笛声般的歌儿。只有雄鸟的歌声是美丽的;雌鸟只有一种简单的叫声——"tritric-tric—tritric-tric",隔段时间重复一次,雄鸟寻找伴侣时的也会发出同样的叫声。雄鸟只在求偶期发出这样的叫声,我们也可以称之为它的情歌。在全年的其他时间里,它都沉默着,或者至少不再发出这样的叫声。10月、11月和12月我们找到了这种鸟儿的巢。这些鸟巢总是被建在非常茂密的灌木丛正中、离地面几十厘米的地方。雌鸟产4～5枚卵,有时只有3枚。卵壳是很淡的水绿色,有凌乱的棕色斑纹,大的一端尤其多。雏鸟孵出之后,雄鸟很快扮演起照顾小家庭的角色,帮助雌鸟照顾雏鸟。只有在雏鸟吃饱了后躲在妈妈的翅膀下面休息的间隙,雄鸟才会唱歌。它们的主食由昆虫、毛毛虫和某些种类的浆果组成。

有一天,我在一个白眉薮鸲的巢里找到了一枚杜鹃的卵——这是一种我叫作黑杜鹃的鸟类——两枚白眉薮鸲的卵也一起被放在巢中。当我第二次拜访这个鸟巢的时候,杜鹃的卵已经不见了。在同样位置上,雌性白眉薮鸲又产下了另外两枚卵,和前两枚放在一起孵化。我在灌木丛脚下的地上看到了杜鹃卵的壳。显然它是被丢出巢外抛弃了。因此虽然杜鹃委托所有鸟类照顾它的卵,其他鸟儿们并不都会给予无私的照顾。

雄性白眉薮鸲比我们的夜莺体型稍小一点。雌鸟要更小一点。

我只在加姆图斯河岸边以及斯瓦特科普斯河两岸的金合欢花丛中发现过这种鸟儿。

沙薮鸲

英文名 / Kalahari Scrub-robin   拉丁文名 / Erythropygia paena

沙薮鸲

鸣禽／雀形目／鹟科／非洲薮鸲属

这种鸟儿完全称得上我给它取的名字(法语为 coriphée，意为"合唱团主唱")。它美丽的嗓音和歌声的旋律都使它值得拥有这样的荣耀，像在我们欧洲闻名遐迩的夜莺一样。在我走过的非洲南部，这种鸟儿几乎是一种完美的存在。它的歌声令人愉悦，外形优美苗条，举止优雅动人。它歌唱的方式不像欧洲的歌者那样频频轻快的中断，也并没有富于变化；相反，它的嗓音更加鲜明，更加柔美，更加感人。我们欧洲沙薮鸲的表达方式更活泼热闹，而非洲沙薮鸲的方式更加温情妖娆。欧洲沙薮鸲的歌声可以使耳朵很愉悦，但非洲沙薮鸲的歌声能够和灵魂对话。夜莺是歌唱能手，它明媚的嗓音和歌唱的难度以及艺术性可以博得阵阵掌声；然而沙薮鸲简单的音律和温柔和谐的声音，似乎更触及内心，使人感动。总之，一种鸟儿表达了满足的欢愉，而另一种鸟儿表达的是温柔的感受。在蒙特贝利尔对夜莺的描述中，他告诉我们，它的歌声(也许有点夸张)："在它热情的声调里我们感受到的是一个幸福的丈夫呼唤他亲爱的另一半，她能够给他灵感。"而我说这只非洲歌者"热情的情歌能够让我们忆起幸福的瞬间"。

沙薮鸲像我们的夜莺一样，只有雄鸟有着天赋的美好嗓音。在求偶期间，它们用美丽的声音歌唱。沙薮鸲总是在太阳升起和落山之前的一两个小时开始歌唱。在晴朗无风的夜里，它们也会唱上大半个夜晚。而在天空下起温柔细雨或布满阴云，而不是狂风大作、暴雨倾盆的时候，整个白日里我们都能听到它们的歌声。

大自然赋予了沙薮鸲美妙的嗓音，因此不再给它装饰闪耀的颜色；没有一种鸟儿比它的羽毛更简单朴实了。在所有季节里它的羽毛都是一样的。然而，同样地，也没有哪一种鸟儿比它的外形更优雅，比它的举止更伶俐。它大大的棕色眼睛陪衬以白色眉毛，一块遮住鼻翼的黑色斑点投下的阴影，使它的容貌令人神清气爽。两侧尾羽的端部呈圆形，端部边缘为白色，尾羽长度略有变化，喉部有一条抬升的斑纹，它是和整个身体上部分一样单调的棕色，两只翅膀和两条中央尾羽完全没有白色。侧面的羽毛基部是灰褐色的,内侧向尖端方向渐变为浅黑色。颈部前方是漂亮的珍珠灰;内侧其余的羽毛,即胸部、肋部、腿部和尾羽下方,是浅棕红色。然而尾羽下方混杂了一点白色。鸟喙、爪子和趾甲是浅黑色的。

雌鸟比雄鸟的体型要小;身体上部羽毛颜色较浅,胸部和肋部并不是浅棕红色的,而是和雄鸟颈前部一样的灰蓝色。除此之外,它们看起来完全一样。

10月,沙薮鸲进入求偶期。这也是雄鸟歌唱技艺最好的时候。11月,这种鸟儿在栖息地最茂密的灌木丛荫蔽之下寻找到一个合适的地点。它们在那里的地面上筑巢,外巢由青草枝叶和缠绕的苔藓组成,内部用毛发装饰。巢建好之后,雌鸟每天产1枚卵,直到最多5枚,最少3枚。在我所发现的19个这样的鸟巢里,我从未看到更多或者更少的数目。通常鸟巢中只有4枚卵,卵的颜色是很浅的蓝绿色,大的那头有浅灰褐色。除此之外,我在这19个巢里还找到了另外5枚杜鹃的卵。这是一种叫凤头鹃的杜鹃。这些鸟卵是全白色的,比沙薮鸲雌鸟的卵要大上一倍,而沙薮鸲还是会像照顾自己的卵一样呵护。因此这种本能,这种好意,或者说,这种自然法则使一位母亲孵化了它敌人的卵,喂养了敌人的幼鸟。我们不相信它会把这枚卵当成自己的。因为杜鹃的幼鸟一出生就几乎和沙薮鸲成鸟一样大,8天之后就已经强壮到可以吞下它的养父母了。

在沙薮鸲雌鸟孵卵的过程中,雄鸟始终栖息在邻近的一棵树上或灌木丛顶上,连续几个小时不休不眠地歌唱。我不能说这是为了迷惑它的敌人,因为我没有充足的证据证明这一点。然而,一旦雏鸟们需要照顾,雄鸟就不再歌唱,至少很少歌唱了。在最后的时刻,它的歌声也不再如此动听了。

我们的沙薮鸲的飞行方式、举止和所有的动作都和夜莺一样。它还有更多自己独特的动作,比如抬起尾羽并优雅的展开,接着收回到背部,随后再次妖娆地垂下。沙薮鸲吃昆虫、毛毛虫和蚂蚁的卵,也吃所有种类的浆果。

我在斯瓦特科普斯河附近的金合欢花丛中找到了沙薮鸲,从那儿一直到肯迪布都可以见到这种鸟儿;在干燥、荒蛮的地区,它们的歌声让我度过了一段愉悦的时光。在一天的热气蒸烤后,我疲惫地在幽深的苍穹下躺下,在它们歌声的陪伴下,度过了清新的夜晚,充分体会着休息的美好!这些鸟儿给我带来了太多欢乐。尽管我们在夜间点燃的篝火吸引了大量沙薮鸲的到来,但我只在营地附近射杀了一只样本。我拿走了一整巢的幼鸟，希望养大它们后带回开普敦，使这一物种永远繁衍下去。但是它们没能存活。显然我给它们的食物过于匮乏，我委托的霍屯督人也没有足够的能力去为它们捕食。

蒲草短翅莺（上）

英文名 | *African Sedge Warbler*　　拉丁文名 | *Bradypterus baboecala*

长嘴森莺（下）

英文名 | *Somali Crombec*　　拉丁文名 | *Sylvietta isabellina*

蒲草短翅莺

鸣禽／雀形目／蝗莺科／短翅莺属

我在非洲找到了三种像我们欧洲的蓝点颏一样的鸟儿，它们不仅有着同样的特征，也有着同样的生活习性。像蓝点颏一样，它们分布在所有沼泽地带，在终年郁郁葱葱的芦苇丛中生活、筑巢、养育雏鸟。我发现的第一种鸟儿体型最大，名字叫蒲草短翅莺，我们听到它们发出吱吱喳喳的叫声——"gri-gri-gra-gra"，总是在不停重复(法语名为 caqueteuse，拟鸟叫声)。它的颈部有着浅白色的底色，上面散布着小小的灰色、白色和浅棕色斑点，内侧其余所有羽毛都是棕色的。身体上部的羽毛，包括头部、翅膀和尾羽，是统一的暗棕色，横向点缀着浅橄榄绿色斑点。鸟喙、爪子和眼睛是浅棕色的。

在求偶期间，蒲草短翅莺在芦苇上方飞来飞去，唱着一个短促的句子，听起来很像我们的白喉林莺。在持续几秒的前奏中，它拍击翅膀使自己保持在原地，然后突然做出一个旋转，来到雌鸟上方。毫无疑问，对于雌鸟来说，雄鸟做出的所有这些小殷勤都是为了自己的幸福。交配时雄鸟的动作十分敏捷轻盈。这一过程通常在芦苇柔弱的叶子上进行，对那些没有蒲草短翅莺活泼好动的鸟儿来说，这是很尴尬不便的。但是这种鸟儿所有的动作都很活泼。雄鸟和雌鸟在芦苇丛中筑巢，它们会小心地联结起几棵芦苇作为支撑。雌鸟产5~6枚白色带棕色斑点的卵。雄鸟也和雌鸟一样孵卵育雏。雌鸟比雄鸟小一点；棕色稍浅，颈前部没有灰色和白色。

我在奥特尼夸的沼泽和瓦勒尔谷发现了这种鸟儿。

长嘴森莺

鸣禽／雀形目／长嘴莺科／森莺属

起初我无意中把这种鸟儿当成了蒲草短翅莺的雌鸟，因为两种鸟儿是在同一地带出现的，也有着一模一样的生活习性。也就是说，长嘴森莺也居住在芦苇中，并在其间孵育雏鸟。它们的歌声也差不多，我们会听到它的情歌飘荡在芦苇上方。期待另一半加入的前奏鸣啭是十分不同的。它往往是由一些非常柔和的如笛声般的声音组成。此外，我还观察了30只以上的长嘴森莺。我看到和比照了两个物种不同性别的鸟儿的不同之处。

长嘴森莺比蒲草短翅莺体型稍小；喙不那么细长，几乎是浅白色的，至少是米白色。我在雄鸟和雌鸟之间只找到一处区别，就是雌鸟体型稍小。

这种鸟儿的颜色和蒲草短翅莺一样简单。然而它的色调更加欢快。因为整个身体上部的棕色很浅，接近于浅黄褐色，或者更像我们说的牝鹿腹部的颜色，牛奶咖啡色或者浅栗色。翅膀的长羽毛可见部分在末端带了点浅黑褐色。喉部、颈部前方、胸部和整个身体下方是带着非常浅的橙红色的白色；这使它呈现出一种浅黄色的色调。读者们看一眼图像就可以对颜色有一个明确的概念，因为画笔总是比最好的文字描述还要准确。何况这种色调太难以描述，没有任何光泽，有时还混杂着其他颜色。

这种鸟儿的巢穴同样也建在四五根紧密联结的芦苇中。雌鸟产5～6枚全白色的卵。

笛声扇尾莺

英文名 Piping Cisticola   拉丁文名 Cisticola fulvicapilla

笛声扇尾莺

鸣禽／雀形目／扇尾莺科／扇尾莺属

我管这种鸟类叫"红头鸟"（法语 Rousse-tête，意为"红头"），因为它枕部的红棕色非常引人注目，这也是它外形上最显著的特征。

笛声扇尾莺寻找灌木丛和低矮的植物，在其间筑巢。它的巢外部由苔藓碎屑营建而成，内部铺着同样的碎屑和羽毛，十分保暖。雌鸟产 4～5 枚卵，有的时候产6 枚；卵是白色的，有非常小的红葡萄酒色斑点，看起来像苍蝇屎。

我在肯迪布发现了这种鸟儿，也在撒哈拉沙漠以南的地区和纳玛夸兰人的地区见过它们。但在后一地区它们的数量较少。

笛声扇尾莺和我们的白喉林莺体型差不多。

这种鸟儿头上部为棕红色或丹宁色。尾羽末端整齐，弯折的翅膀不超过臀部。整个身体上部，包括翅膀和尾羽，是浅灰褐色的，身体下部是烟灰色的，腹部发白。眼睛是红褐色的，爪子为浅黄色。

笛声扇尾莺的雌鸟比雄鸟稍小一点，头部不为红色。

橄榄篱莺

英文名 *Olive-tree Warbler* 拉丁文名 *Hippolais olivetorum*

橄榄篱莺

鸣禽／雀形目／苇莺科／篱莺属

我只捕获了一对这种鸟儿，我根据它的浅橄榄色羽毛叫它橄榄篱莺。

我在美丽的德班维尔营地驻扎期间看到了这种鸟儿。它的歌声音调优美，陪伴着我度过了愉悦的时光。雄鸟在每个晚上和清晨都会到来，排遣我的孤独，使我感到愉悦。它严格地遵循自己的习惯，栖息在我住所的最高处，从不会因我们的出现而惊走。当它开始歌唱时，如笛声般的歌声使它成为该地区雨季时唯一的歌者；在这个时节，所有的鸟儿一般都沉默了，或者至少将它们的情歌束之高阁。橄榄篱莺看起来没有那么热爱它的雌鸟。在雄鸟歌唱的过程中，雌鸟在我住所的各个角落、我的帐篷里和我的车里飞来飞去，收集所有可以送入腹中的食物。

橄榄篱莺的尾羽非常短，弯折的翅膀展开时几乎可以到尾羽末端。这样的特征让它看起来外形矮壮。头部上方、颈部后方、背部、肩胛，翅膀折起来时翅膀和尾部露在外面的所有部分都是漂亮的浅黄绿色。尾部以下是浅白色，翅膀的羽毛内侧是浅黑褐色的。喉部、面颊、颈部前方、胸部、肋部、腹部和尾部内侧的绒毛是白色的。眼睛为浅棕色；喙为浅灰色，爪子是淡黄色的。

雌鸟比雄鸟小一点；绿色不太偏黄，更接近褪色的青橄榄；胸前和肋部的白色泛着灰暗的浅橄榄绿。

我完全不知道橄榄篱莺怎么孵蛋，以什么方式筑巢。这种鸟儿很可能是奥特尼夸地区的候鸟；因为整个地区我只找到这么一对。我认为它们比其他同类到来的早或者滞留的时间长。我们同样可以看到一些候鸟在我们的国度停留甚至度过冬天，然而它们的所有同伴都已经离开了。

灰白喉林莺

英文名 | *Greater Whitethroat*　　拉丁文名 | *Sylvia communis*

灰白喉林莺

鸣禽 / 雀形目 / 鹟科 / 林莺属

本篇的灰白喉林莺在古利兹河两岸数目非常众多。在那里直到布拉克河都有着大量的分布，在之后的旅途中我就再也没有见过它们了。

这种鸟群居，非常活泼，总是在动；我们在金合欢花丛上方遇到了小群这样的鸟儿。它们有 8~10 只，最多会达到 12 只，一刻不停地在树木的所有树枝上、树皮的裂缝下和叶子下面搜索，寻找昆虫、各种幼虫和蝴蝶的蛹，这些是它们的主要食物。在寻找的过程中，它们轻声啁啾。当它们在树与树之间飞来飞去的时候，很容易被误以为是一小群长尾山雀。

在我看到灰白喉林莺的地带，在孵育期时我并没有找到它们。所以我不清楚它们产卵的数目，也不知道它们筑巢的方式。但可以推测的是，我遇到的一小群鸟儿是同一窝雏鸟，拥有同一个母亲。因此，很可能每只雌鸟产 8~10 枚卵，甚至可能更多。另外我们还需要把事故损失计算在内，如此大量的孵化如果完全没有损失是很罕见的。大多数猛禽要靠这些弱小的、无力抵抗的生物来生存，生物稳定性是由一连串的偶然性维系的。我们不能不钦佩大自然的智慧，它保持着所有它创造的生命的平衡和协调，没有给毁灭者像其他鸟类一样多产的繁殖天赋。事实上，若是猛禽的繁殖能力和小型鸟类一样强大的话，所有受造物可能早已经灭绝殆尽了。

灰白喉林莺的鸟喙和爪子为浅黑色。头部上方、颈部后方、背部、肩胛，总之整个身体上部，和翅膀上的大小绒毛，以及长羽毛外侧边缘，都是深灰色的。喉部有令人愉悦的长圆形黑色斑点，底色为烟灰色，胸部和整个身体下侧也都是烟灰色的，不过腹部下方和尾羽下方是深红棕色的。大部分侧边尾羽外侧是白色的；中间的羽毛是浅黑色的，翅膀内侧的羽支也是浅黑色的。眼睛是浅灰绿色。

雌鸟和雄鸟在颜色上一模一样；但和同属鸟类通常的体型法则相反，雌鸟比雄鸟大差不多 1/4。

另一幅图像是灰白喉林莺的一个变种,大部分羽毛,特别是翅膀和尾羽毛,全部是白色的,然而腹部下方和尾羽下侧保留着红棕色痕迹。

一天,我在奥兰治河岸边,纳玛夸兰人的国度中看到一只小鸟。它的体型和体态让我觉得是一只莺。整个喉部都是黄玉色的。这种鸟当时离我非常近,近到没办法瞄准射击,我想等它飞远一点再射击。但它看到了我,就一头扎进浓密的荆棘中,消失了。尽管我一直寻找,却再也没能重新找到它,我也没有找到相似的其他鸟儿。我在这里提及它的存在,是希望其他的旅行者在这些地区旅行时多加注意;也许他们比我幸运,能够再次发现这样的鸟儿。

云扇尾莺

英文名 | *Cloud Cisticola*　拉丁文名 | *Cisticola textrix*

云扇尾莺

鸣禽／雀形目／扇尾莺科／扇尾莺属

鸲鹪和莺类有很多的相似点，因此我们把它放在莺类之后介绍。本篇中的云扇尾莺，是我在非洲找到的最小的鸟类之一，它们的体型、体态和生存方式都与我们的鹪鹩十分相像。和鹪鹩一样，它在藏身的灌木或荆棘的枝条间不断地跳跃。它还有一个和鹪鹩的共同点，那就是在欧石楠上方和青草丛中寻找食物时抬起小尾巴，不停地啁啾，它喜欢在那里滑行并隐匿。除了与鹪鹩的这种生活习性相似，它还像我们的云雀一样，会从地面或一些足够高的灌木上竖直飞起；在起飞过程中，它用力拍击翅膀和尾羽，小步跳跃着升高，我们可以听到它的叫声——"pinc-pinc"（其法语名字"Pinc-pinc"便是由此而来）在整个上升过程中不间断地被重复。

我将这种鸟命名为Pinc-pinc，因为我听到开普敦移民的好几个孩子这么叫它，而它的叫声也的确是这样的。当微风从某个高度拂过时，身段苗条的云扇尾莺会像一块碎布一样被风卷走，完全消失在我们的视野中。但当天气晴好的时候，它就可以飞到体力允许的高度，以对角线方式下落；然而降落时它并不合上翅膀，像我们欧洲的云雀一样滑潜到地面上。

雄鸟和雌鸟很少不在一起，只有雄鸟可以飞得非常高；雌鸟有时会努力尝试，但很少可以飞到离地2.6～3.3米以上的地方。而且只有求偶期才会有这种情况发生。

云扇尾莺的筑巢方式令人赞叹。它在多刺灌木间，有时在树木的树枝尽头——我给出的图像是在金合欢树上——筑巢，使用极多的筑巢材料。这种巢一般非常大。当然尺寸并不固定，有些稍大一些，有些稍小一些。外部体积略有差别，在内部差不多都是一样的尺寸，直径81～108毫米，而外部周长常常超过32.5毫米。这种巢由植物的茸毛制成，或者是雪白色，或者是浅棕色，取决于它们生活地带灌木的质量。巢的外部看起来十分丑陋，甚至非常不规则，这是因为搭建时联结的树枝间距不同,树枝从外巢中穿过。因此将树枝从鸟巢中撤出,完整地取走一个鸟巢几乎是不可能的。巢的外部看起来简直是粗制滥造。可当我们看到内部时,又想到这是一只这么小的鸟儿只用它的喙、翅膀和尾羽,而没有借助其他工具建造的,只有感叹佩服。它不断地拍击紧实绒毛,让它们变成一种很薄的织物的样子,就像床单一样,甚至比床单更漂亮。

这种巢主体近似圆形,上方升起一个狭窄的颈口。云扇尾莺就是从那里进入内部。这个颈部或者走廊的下方配接了一个小小的巢。和大型鸟巢相比,这个巢非常非常小。在好望角的人们认为,这种小巢房特地被设计成这样,就是为了在雌鸟孵卵时,雄鸟可以待在那儿警戒。雌鸟在巢底看不到外部的敌人,但是雄鸟可以告知它所有的危险。这是个具有创造性的想法。但我发现这种巢并不能实现这个功能,因为雄鸟和雌鸟一样孵卵,一只鸟儿在巢里和卵在一起,另一只鸟儿保持警戒的情况从未发生过。我可以确定这一点是因为我找到了至少100个这样的鸟巢。每个早晨我都观察这些鸟儿。这个小小的屋隅只是一个栖架,云扇尾莺可以从那儿通过颈部向前冲进巢内。如果没有这一部分,它就会很辛苦,因为它不能够在飞行中穿入这么小的开口。此外,巢的外部非常柔软,它可以在上面持续停留而不会损坏巢。巢的内部也同样建造得很坚固。外巢呈球形,看上去紧凑结实。

雌鸟产5~6枚卵,甚至经常有8枚的情况,但最常见的是6枚。雌鸟随着生长,羽毛上会呈现出或多或少的棕色的灰白斑;雌鸟第一次产的卵比第二次的卵斑点少一些。我们同样注意到,它们的第一个巢从来不会很大,巢中织物也没有后面的巢中织物优良。这个现象适用于所有的鸟儿。

云扇尾莺的鸟类天敌是山雀和拟啄木鸟,四足动物是老鼠,昆虫则为胡峰和蚂蚁。爬行动物也会滑行到它的巢中,吞下雏鸟或者鸟卵。这只弱小的鸟儿到底有多少天敌啊!

山雀和拟啄木鸟习惯性的偷盗云扇尾莺的巢。老鼠在里面产子并存储过冬的粮食。爬行动物藏在里面;我在树上和灌木上找到一种浅绿色的蛇,它咬噬时不分泌毒液。至于胡峰和蚂蚁,这些昆虫占有巢之后会在内部建造小单间,放置它们的幼虫;我找到的蚂蚁是带着翅膀的。

云扇尾莺和云雀的所有其他特征都很不同。这种鸟儿的孵育期是15天，杜鹃同样会将它们的卵托付给云扇尾莺，但杜鹃的蛋通常不能被接纳，也不可能在这个巢里被孵化。这个巢可塞不进一只杜鹃。

黄捕蝇莺

英文名 | *Yellow Flycatcher Warbler*　拉丁文名 | *Iduna natalensis*

黄捕蝇莺

鸣禽／雀形目／苇莺科／靴篱莺属

我们在非洲南部内陆的好几个地方见到了繁殖期的这一物种。开普敦殖民地的居民和霍屯督移民叫它 glas-oog(玻璃眼)，或者wit-oog(白眼)。

这种鸲鹟的体型和我们的柳莺一样，第一眼看上去外形也很像，同样有着橄榄绿色的羽毛。然而黄捕蝇莺更偏浅黄色也更闪耀。但最主要的区别在于由一排环绕眼睑的羽毛组成的白色眼睑，它们使黄捕蝇莺的相貌更令人愉悦。喉部、胸部、尾部以下的绒毛和颈部前方是黄色的，比身体上部暗淡的橄榄绿色泽更明显。腹部为浅白色，翅膀的长羽毛和尾巴的外部羽支是水洗黑色，背部和肩胛也是一样的黑色。爪子是铅灰色的，眼睛为棕色，喙为黑色。

雌鸟比雄鸟小一点；背部的橄榄绿色更深，喉部和颈前方的黄色更暗。眼睑没有雄鸟那么明显，羽毛更少，白色也不那么纯净。

幼年时期这种眼睑没有出现；从第二次换羽期才开始产生。

我们发现小群这种鸟儿会一起生活，一群有6~8只，一般是由一个小家庭组成。它们在树上寻找昆虫，特别是小毛毛虫和蝴蝶的蛹为食。黄捕蝇莺在金合欢花的矮枝末端筑巢。它的巢形状很好看，和我们的燕雀使用同样的制作方式。巢由纤细的根组成，这些根须绕成圆形，外部用苔藓覆盖；内部铺着毛发或动物鬃毛，直径只有54毫米长。雌鸟产4~5枚卵。雄鸟帮助雌鸟孵化，两只鸟儿都和雏鸟关系十分亲密。

一天，在一个巢中，我发现了4只身体已经很强壮的雏鸟。我用手去拿它们时，它们可以跳出巢外。在我忙着捕捉它们时，它们的亲鸟们紧张地试图保护。黄捕蝇莺通常不太怕人。它们的叫声低低小小——"titititiri, titititiri"。当它们在树叶上寻找食物——毛毛虫和蝴蝶蛹——的时候，我们常常可以听到这样的叫声。这种鸟儿在非洲南部的很多地区十分常见，它们喜欢栖息在树木繁盛茂密的地带。

短尾森莺

英文名 | *Northern Crombec*　拉丁文名 | *Sylvietta brachyura*

短尾森莺

鸣禽／雀形目／长嘴莺科／森莺属

我将这种鸟儿命名为 Crombec(短尾森莺)，这是在象河的那段时间霍屯督人给它的名字。在那一地区我们找到了大量的这种鸟儿。这个名字原本是荷兰语，意为弯曲的喙，因此很适合它，这使它看起来与太阳鸟或者吮吸花汁的鸟儿有一定的亲缘关系。

我们的短尾森莺不是食蜜鸟类，因为它的舌头不是呈泵状的凹形，舌头末端也没有丝状分支，不可以像所有太阳鸟的舌头一样伸到花朵里面。相反，它的舌头非常短而且是软骨性质的。这种鸟儿从不吮吸花朵，它无法进行这样的动作。我们也不应该把它和我们的旋木雀归为一类，因为它的爪子构造完全不同，另外它也没有合适的尾羽用来支撑它向上攀爬。直到现在都没有人观察到这一点，所有鸟类自然历史的书籍都将它与食蜜鸟类和弯喙攀禽混淆。

短尾森莺实际上是一只鸲鹟，鸟喙狭长，弯曲呈镰刀型，像太阳鸟的喙，但比太阳鸟的更长一点，也更弯曲一点。布封和阿尔德罗万迪都把短尾森莺当作蜂虎。这是缺乏实践的鸟类学家常犯的错误。

短尾森莺不以花汁为食，也不沿着树木攀爬。短尾森莺在树枝之间飞来飞去寻找它的食物，而所有我们刚刚讲过的鸲鹟都只以昆虫为食。因此我们可以将这种鸟类看作大自然的一个由鸲鹟过渡到攀禽的中间种类。

短尾森莺的羽毛颜色非常简单单调，和太阳鸟很不相同。如果它超级充沛的精力和小小的叫声不能吸引我们视线的话，我们只能在它们习惯出现的金合欢花上努力寻找它们的身影。

雄鸟通常陪伴着雌鸟，雌鸟和雄鸟很像，不解剖的话不能区分两者；雌鸟的喙似乎稍短一点，但我看到幼年雄鸟的喙也不长。

毫无疑问，短尾森莺非常小心谨慎地隐藏它们的巢，因此我们不可能找到它们。尽管我悬赏寻找它们的巢，可仍然没有一个霍屯督人成功地拿到我的赏金。

煤山雀

英文名 | Coal Tit　拉丁文名 | Periparus ater

煤山雀

鸣禽／雀形目／山雀科／山雀属

这种山雀有着和我们的大山雀或者黑头山雀一样的体型，除了翅膀和尾羽上的一些白色痕迹，它完全是黑色的，然而头部和背部的黑色比身体前部更深。长尾羽通常是黑色的；最外侧两支尾羽的外侧羽支宽阔的边缘为白色，末端是白色的；其他羽毛都在末端有白色的边，但这个白边越靠近中间越不明显，最中间的两根长羽毛是纯黑色的。我们还注意到只有外侧的两根长羽毛比其他的羽毛稍短，其他尾羽都一样长。翅膀展开时可以到尾羽长度的1/3处；翅膀上大的长羽毛是暗黑色，外侧有较细的白色光泽；中等长羽毛更宽，数量众多，因为它们的白色边缘形成一道长长的白边。大的羽毛是黑色的，带白边；中等羽毛是纯白色的，最小的羽毛是纯黑色；在翅膀上形成令人愉悦的黑白相间的效果。喙为黑色，趾甲为棕色，爪子为铅灰色，眼睛为深棕色。雌鸟比雄鸟小一点，黑色稍浅，特别是胸前，看起来像是上了光的浅灰白色，越接近尾羽内侧颜色越浅，尾羽是白色的。在幼鸟时期尾羽边缘带着浅橙红色，背部的黑色通常更暗淡，身体下部更偏浅灰色。

煤山雀每天晚上都藏匿在筑巢的树洞里，它的巢由纤细的树木嫩枝建成，铺着舒适的绒毛；雌鸟产6~7枚甚至8枚全白色的卵。这种鸟儿和我们的黑头山雀有着一样的鸣声，以至于我第一次听到煤山雀的声音，还没有见到它们的身影时，还以为黑头山雀也栖息在非洲呢。

我只在斯瓦特科普斯河两岸以及撒哈拉沙漠以南的地区发现了这种黑色的山雀，它们在那里有着十分广泛的分布。我从未在西海岸和开普敦附近见到过它们。

灰山雀

英文名 | Grey Tit　拉丁文名 | Parus afer

灰山雀

鸣禽／雀形目／山雀科／山雀属

这种山雀和前一种鸟儿有着完全一样的外形和特征，只是身量稍小一点。雄鸟和雌鸟有着完全一样的鸣啭，这个特征和我们的黑头山雀一样；我们已经观察到煤山雀的鸣啭也是类似，我们在前一篇已经给出了描述，请读者参阅前篇，我们就不在此重复了。

我只在肯迪布的金合欢树林找到这种灰色山雀，在那里居民们叫它Malabartje。毫无疑问，这一名字是缘于它那黑色的头部。尽管灰山雀比前一种山雀体型更小，它的喙却更狭长。它的整个头部上方都是黑色的，颈部后方也一样，黑色在颈部后方结束，紧接着有一个很大的白色斑点，几乎形成半条颈饰。两侧嘴角有一大片白色占据面颊，通过棕色眼睛的下方，延伸至颈部下方，在那里加入一条白色线，最后是一条深黑色的领纹；深黑色环绕整个喉部、颈部前方和胸部，而紧接着深黑色的是延伸到身体中部一直到腹部的白色。

背部、肩胛和通常整个背部是好看的浅灰蓝色，肋部也一样，然而肋部比背部的色调更浅白。翅膀的长羽毛是很暗的黑色，所有羽毛都带着白边；但随着接近背部，白色占据越来越多的空间。大的绒毛和中型绒毛也是浅棕色，带宽的白边，然而翅膀根部的所有小羽毛是和背部一样的浅灰蓝色。尾羽上方的绒毛是黑色的，下方是灰白色，带着白边。尾羽通常是黑色的；只有两侧最外面的羽毛有一条纵向白色斑纹；第二根羽毛也是如此，但边缘更细；至于其他的羽毛，它们只在尖端有一条白边。喙是暗黑色的；趾甲是同样的颜色，爪子为浅蓝色。

雌鸟比雄鸟稍小一点；白边不那么明显，颜色也不那么纯净：它的喉部和头部上方是浅黑褐色，所有灰色部分混杂着一个轻微的浅橙红色调。在幼鸟时期，喉部混着棕色，所有的灰色都有一个很深的浅黄褐色色调。我没有看到这种鸟儿的巢，我找到它们的时候孵育期已经结束了。

北灰山雀（上）

英文名 | Miombo Tit　　拉丁文名 | Melaniparus griseiventris

白颊长尾山雀（下）

英文名 | White-cheeked Tit　　拉丁文名 | Aegithalos leucogenys

北灰山雀

鸣禽／雀形目／山雀科／黑山雀属

这是我在非洲遇到的最小的山雀种类，也是唯一一种我在开普敦附近和殖民地上见到的山雀。它习惯于生活在岩石间和山岭上。它的身形和我们的蓝山雀相当，同时它在和另两种山雀一样发"gragra gragra"音的时候小舌也会强烈颤动。这种鸣啭在所有山雀中都很常见，当它们看到什么东西使它们惊讶，或看到一只有害的动物或一只猛禽时，我们总是可以听到这样的叫声。我注意到，至少我们在法国发现的所有山雀和非洲的这三个物种都会发出这样的鸣啭。我们非洲的北灰山雀喜欢栖息在岩石覆盖的山上，在山洞里和土堆下筑巢，把巢很小心地隐藏起来。它的巢体积很大，是用苔藓、很多兽毛和羽毛建成。雌鸟产卵极多，至少8枚。我见过最多的有14枚。因此，我们想到欧洲的山雀和非洲的山雀都证明了一点，那就是身量越小的物种一次产的卵越多。我们欧洲的长尾山雀可以产18枚卵。它比这里提到的种类要小得多。

北灰山雀的整个头部上方和颈部后方都是黑色的，喉部、颈部前方和胸部也是同样的颜色，形成一大片黑色的胸甲，一直延伸到腹部，末端逐渐缩小。嘴角有一片白色，在面颊上扩大一点，沿着颈部侧面展开，分割开喉部和头部后方的黑色。鸟喙基部的羽毛和遮盖鼻翼的羽毛是白色的；背部和肩胛是土褐色的，翅膀上大的长羽毛也是这个颜色，长羽毛的内侧羽支更偏浅黑色；中型长羽毛带着白边，大绒毛和中型绒毛也带着一样的白边，它们是翅膀上最黑的部分。所有长尾羽都在末端有一条白色花边，每侧最外边的羽毛有一条白线，最外侧的羽毛比其他羽毛要短一些，尾羽是黑褐色的，上方的绒毛也是这个颜色。肋部、腹部下方和尾羽内侧的绒毛是漂亮的浅橙红灰色；喙是黑色的，眼睛为棕色，趾甲也一样。爪子是铅色的；弯折的翅膀展开时直到尾羽中部。雌鸟比雄鸟稍小一点，十分相似，几乎无法区分。

白颊长尾山雀

鸣禽／雀形目／长尾山雀科／长尾山雀属

本篇的白颊长尾山雀被从雅加达寄往阿姆斯特丹的特明克先生(1778—1858年,荷兰贵族,动物学家),他又将它转送给了我。它和北灰山雀体型相当,和我们的蓝山雀外形看起来一样。头部上方是黑色的,颈部后方也是如此,颈部下方有一个小小的白色斑点;嘴边的面颊上有一片白色,一直铺展到耳朵。喉部、颈部前方以及胸前都是黑色的;但这种黑色没有像北灰山雀一样逐渐扩大,反而从颈部前方下面开始缩小,从两边过渡到头部后方,在腹部结束。肩胛和整个背部以及尾羽上方的绒毛都是一种漂亮的浅灰蓝色:翅膀上所有黑色的长羽毛也带着这种浅灰蓝色的边;翅膀上的大羽毛带着白边,根部有白色的条纹。两侧的各三支长尾羽长度渐变,最外侧的最短,另两根逐渐变长;其余所有羽毛都是黑色的,有着同样的长度。肋部、腹部和尾羽内侧的羽毛是浅玫瑰色;喙是灰褐色的;趾甲为黑色,爪子为铅灰色。弯折的翅膀展开时直到尾羽的1/3处。

寿带

英文名 | Asian Paradise-flycatcher　拉丁文名 | Terpsiphone paradisi

寿带

鸣禽 / 雀形目 / 王鹟科 / 寿带属

寿带的体型和我们的金翅鸟差不多，只是稍微狭长一些。从鸟喙端部到两支中央尾羽的端部十分修长，雄鸟的这两根羽毛生长完全时非常纤长。除了长尾羽之外，它还有另外一个特征，那就是有着可活动的宽厚的肉质眼睑。它是漂亮的蓝色，环绕着眼睛，像某些种类的鸽子。

区分雌鸟和雄鸟的特征，是雌鸟的尾羽。中间的两根长尾羽从不生长，在一年中的任何时间都不比旁边的羽毛更长。求偶期过后，雄鸟便默默地脱落它的两根长羽毛，在整个雨季都不再重新生长。因此它的尾羽变得和雌鸟很像。它漂亮的蓝色眼睑也变狭窄，缩小。然而，我们仍然可以通过它的体型、鸟冠和羽毛的色调区分，它的羽毛总是保持着闪耀的颜色，从不像雌鸟那么暗淡。在幼鸟时期，雄鸟看起来很像雌鸟，我们不可能从外表上区分它们。

寿带在东海岸沿岸有着大量的分布。我从鸽笼河开始遇到它们，再到撒哈拉沙漠以南的地区一直都能看到它们的身影。它们在斯瓦特科普斯河岸边也十分常见，但我从未在开普敦市附近找到寿带。

雄性寿带和雌性寿带很少分开，即使在雨季或该地区的冬天也是如此。它们常飞去森林，总是栖息在高大的树上，很少飞落到灌木上或地上。雄鸟非常喜欢吵架，一旦相遇很快就开始争斗。我见到过几次五六只鸟儿互相追随。它们的长尾羽可以打开很远，很容易被捉住。因此在打斗中，鸟儿们很容易抓住对手的尾羽，拽下一两只羽毛。我们射杀的雄鸟尾羽总是不完整，一些被扯掉了，还有一些被扯断了。寿带在树林中飞行着捕猎飞虫的时候，尾羽不可避免地会在树枝和荆棘上来回摩擦。有时候一些雄鸟的尾羽只剩下羽轴，羽支早已经被磨光了。当它们栖坐在一根树枝上时，姿势笔直，两支长尾羽垂落下来，铅弹打过去总会把它们打成筛状落下来。因此，我总是更喜欢射杀飞行中的寿带，因为可以直接射穿它们的身体。正是因为如此，我们很难获得完美状态的这种漂亮的寿带；我射杀了104只雄鸟，其中只有14只是完美的。

　　我在彩图中展示的鸟巢，我认为是寿带的。我之所以说我认为是因为我并没有在巢中亲眼看到雌性或雄性寿带。然而我相信这个鸟巢大概是属于它们的。因为我忠诚的克拉斯向我是如此保证的。虽然他并不是一个优秀的观察者或学者，但他很忠实且坦诚地向我诉说了所有他看到的事实。在我们跋涉了一天，穿过了撒哈拉沙漠以南地区的金合欢树林时，他将这个鸟巢带给了我，向我保证说他看到并认出了一只寿带雄鸟和一只雌鸟正在忙于筑巢。这个鸟巢特殊的外形十分引人注目，就像倒挂在两根树枝树杈间的号角，尖端在下。最粗的地方有67.7毫米宽，向下逐渐缩小宽度，同时也弯曲。它的长度，沿弧线计算有216毫米，实际长度只有162毫米。我们很难理解建造一个类似形状巢的原因。这样的鸟巢至少3/4的部分看起来是毫无用处的。它们唯一必需的部分，就是放置鸟卵的地方，这个部分的深度还不足81毫米。因此该结构的其余部分只是从一些灌木的茎皮上扯下来的纤细织物，似乎没有一点用处。在巢的内部没有任何像羽毛、兽毛或马鬃一样的柔软材料。但是的确，雌鸟还没有在其中产卵，也许当克拉斯把它拿给我的时候它还没有完全建好。

非洲寿带

英文名 | *African Paradise-flycatcher*　拉丁文名 | *Tersiphone viridis*

非洲寿带

鸣禽／雀形目／王鹟科／寿带属

布里松已经在他著作的第二册中描述过这种漂亮的鹟，并为它取名叫好望角凤头鹟。布封也描述了同样的鸟儿，并把它叫作灰凤头鹟。这只鸟儿被画得很糟糕，无论是颜色还是喙的形状，都会让我们以为这是一只乌鸫而不是鹟。此外，这两位自然学家都没有描述雌鸟或幼年雄鸟，成年鸟儿的两支中央尾羽非常长，这一点他们也都没有提到。这是只存在于雄性寿带身上的特征。非洲寿带和我们的麻雀体型相当，麻雀的身体更胖，非洲寿带有点细长，因此看起来比麻雀更苗条。头部装饰有一个由长直羽毛组成的鸟冠，展开时从枕部向上伸展约14毫米，在颈部后方并没有像布封错误的彩图里描绘的那样弯曲。这种鸟儿冠前方的所有羽毛均向下遮盖部分鼻翼，颈部的羽毛是暗绿色的，由于直射的光线不同，看起来像是黑色或光滑的钢蓝色，这种颜色在肋部、腹部、腿部和尾部以内的绒毛处结束。背部、臀部、翅膀和尾羽是鲜艳的橙红色；翅膀长羽毛的外侧边缘尽头有黑色，但在寿带上黑色不太明显。尾羽明显分层；中间两根羽毛很长，有时是身体上羽毛的4~5倍长。我的陈列室里有两只非洲寿带，它们现在被陈列在巴黎的自然历史博物馆中。它们的这两根羽毛长达594毫米。然而在我们的陈列室里可以很好地观察到这两根羽毛有时会有变化。一些被我们射杀的鸟儿已经结束了换羽期。这些长长的羽毛需要一定的时间生长。喙上有很多毛，基部是铅蓝色的，爪子也是同样的颜色。据说非洲寿带有着和寿带一样大而厚的蓝色眼睑。在我见过的几幅画像中，有人把这种鸟儿的眼周画成红色，其他人的画成蓝色。我没有在彩图中模仿这一点，因为我没有见过活着的这种鸟儿。雌鸟比雄鸟稍小，没有长长的尾羽。雌鸟身上的橙红色稍浅，鸟冠也稍短。参见本书161页插图中尾羽短的鸟。我们不知道雄鸟是不是只在发情期有漂亮的尾羽，但它的确不能一直保持着同样的颜色；我们在本书162页插图中展示的仍是同种的雄鸟，但它明显处于不同的状态下。非洲寿带是规律性的每一年都在某个季节身着白色吗？还是只在某个年龄段变为白色？白色会变成橙红色或浅橙色吗？我们提出的问题只能交由认真的旅行者来解决了。

布封已经观察到了这种变化，于是他更正了布里松的错误，布里松把这个有变化的非洲寿带命名为好望角白冠鹟，显然是把它当成了一个不同的物种。布封虽然更正了这个错误，自己却犯了另一个错误，他将白色的鸟当成了雌鸟，认为该种类的雄鸟是橙红色的。我们观察到橙红色的雄鸟和白色的雄鸟都有着长长的尾巴，同样白色的雌鸟和其他橙红色的鸟儿，外形和雄鸟差不多，却没有两支长长的中央尾羽。白色的非洲寿带比橙红色的非洲寿带更讨人喜欢，也更容易区分。在该状态下，头部、鸟冠和颈部没有变换颜色。但整个身体下方，从颈部下方直到尾部内侧的绒毛以及背部、臀部和尾羽上方的绒毛都是雪白的。肩胛也是白色的。但羽毛两边是黑色的；翅膀的大小绒毛都是黑白相间的，长羽毛也是如此，形成了好看的黑白相间的纵向条纹。尾部中间的两根长羽毛是纯白色的，但羽毛两侧是黑色的。胸部常常有黑色的斑点。尾部侧边的羽毛通常也是白色的，和中间的两根长羽毛一样，两侧是黑色的，但外侧羽支边缘有一条总是越向中间越宽的黑色斑纹。喙和爪子也是同样的浅蓝色。雌鸟的黑色比雄鸟少。布封注意到白色的鸟比橙红色的更大更胖，我们没有在我们见到的完整的个体上观察到这一点。但在陈列室里我们注意到它们尺寸上有很多不同，和所有鸟类一样，这可能取决于我们处理鸟类时铺展羽毛的多少。

我们在本书163页插图中展示了一只雌鸟(短尾羽的那只)，它是勒考尔送给我的；它的羽毛几乎全部是白色的，有像大理石花纹般水洗浅橙红色的花纹；尾部和翅膀上的这种花纹更明显。163页插图中尾羽长的那只展示了一只完全是橙红色的雄鸟，只有尾巴上的两根长羽毛被橙红色和纯白色分割开来。我见到过好几只这样的雄鸟：一只在阿姆斯特丹，特明克先生的陈列室，另一只在巴黎的自然历史博物馆，第三只被巴黎的多西先生所收藏。我在本书161页的插图中画了非洲寿带鸟冠的一根羽毛，以便自然学家们和开普敦的非洲寿带比较。我想我们可以将这种鸟儿叫作橙红鸟，橙红非洲寿带，另一种叫白非洲寿带。非洲寿带在锡兰岛上十分常见，我见到的每一个鸟类包裹里面都有好几只这样的鸟儿。然而我从未在从马达加斯加或塞内加尔归来的旅行者那里见到这样的鸟儿。

爱德华描述并绘制了非洲寿带，其中有白色的鸟和橙红色的鸟。但这位自然学家搞错了它的种类，他将其命名为喜鹊和天国喜鹊。同样，我很确定诺克斯（Robert Knox，1640—1720年，英国作家、旅行家）在他的锡兰历史中提到的非洲寿带，不是在非洲找到的寿带，而是我马上就要讲到的红腹寿带；我认为这种鸟儿并不在锡兰岛上生活。

红腹寿带

英文名 | Red-bellied Paradise-flycatcher   拉丁文名 Tersiphone rufiventer

红腹寿带

鸣禽／雀形目／王鹟科／寿带属

我在纳塔尔省海滨向撒哈拉沙漠以南地区的方向找到另外两种带冠长尾的鹟，我们分别称之为红寿带和马岛寿带。这些鸟儿都生活在留尼汪岛和马达加斯加，我们很可能在非洲大陆东部沿海看到它们的身影；不过它们似乎没有分布在开普敦一侧，我从南纬28°～30°地区开始见到它们。

布里松是第一位让我们了解这两种鸟儿的自然学家，他的描述严谨真实，对于想要在他的书中寻找这两种鸟儿的人，非常有帮助。他公布的图像也很真实；遗憾的是这本书不是彩色的，否则它将价值连城。此外，这是自然历史方面唯一的一本极其严格的著作，我们不能忽略它的优点，即他描述的准确性。

布封也提到了这两种鸟儿，他不只把它们当成了同一种类，而且还和爱德华的天国喜鹊，以及塞巴的凤头天堂鸟弄混了。请读者参阅我们在非洲寿带部分的描述，我们充分地指出了布封在这一方面的错误。

红腹寿带和我们的金翅鸟体型相当。头部装饰着一个和非洲寿带同样形状的鸟冠。羽毛形成一个棒槌的形状，突出到枕部一点，因此鸟冠只在它竖直的时候比较明显。整个该部分是一种介于黑色和钢蓝色之间的暗绿色，具体根据身体反射的光线变化；其余的羽毛通常是比非洲寿带稍微暗淡一点，少一点光泽的橙红色，看起来像褪色的暗棕色。翅膀上的长羽毛很大一部分都有纯白色的边，大部分的绒毛也是如此，底色是黑色的，白色在从腿部到爪子基部的部位再次出现。尾部侧面的十根羽毛有点分层，末端呈圆形；中间的两根羽毛完全展开的时候，差不多是平常尾羽长度的两倍半，和尾羽其他部分一样是橙红色的。我们还观察到这些长羽毛基部很宽，向末端逐渐变窄，在尖端又加宽一点；羽毛总是直的，不弯曲，不像非洲寿带那么柔软；这点和鸟冠一样，是重要的特征。我们还观察到这些长长的羽毛会由于红腹寿带非常活泼的运动被损坏或折断，羽支经常也会被磨损，特别是超过其他长羽毛的部分，它们的尽头很细，形成一个非常纤细的尖。这是自然事故，学者们——如果我们不告诉他们——会把这点看作一个物种特征。有时两支中央尾羽的颜色也会有变化，全部都是白色，或者白色带黑边；在雨季，雄鸟抛弃这种区别于雌鸟的装饰；在雌鸟身上，中间的两根长羽毛和其他羽毛一样。这样一来，它的体型略微减小，身上的橙红色更偏棕色，翅膀上的白色条纹也不那么纯净。喙、爪子和趾甲是浅黑色的；深黄色的眼睛周围有蓝色的眼睑。

我只在撒哈拉沙漠以南的地区见过红腹寿带。孵育期已经过去了，我没能弄到它的巢或者卵，因此不能完整地介绍这种鸟儿。

马岛寿带

英文名 | Madagascar Paradise-flycatcher　拉丁文名 | Terpsiphone mutata

马岛寿带

鸣禽／雀形目／王鹟科／寿带属

本篇中的寿带比前一种体型稍小一点，但外部特征一模一样；鸟喙的形状相同，尾羽同样纤细，两支中央尾羽同样更长。因此，我们只能通过颜色来区分这两个物种。

马岛寿带也生活在非洲大陆、撒哈拉沙漠以南地区，通常在高大的乔木林中生活。它的鸟冠是浅蓝黑色的，颈部、胸部、背部、臀部和尾部上方的绒毛也是一样的颜色。

从胸部直到腹部下方，羽毛是白色的，覆盖腿部的羽毛也是如此；腹部和尾部下方是灰黑色的，有白色条纹的羽毛黑色的部分颜色更深。翅膀大的长羽毛是黑色的；中型长羽毛也是同样的颜色，但外部边缘有一条白线。翅膀的大绒毛也被白色斑纹环绕，小绒毛是全黑色的。尾羽颜色长度渐变；侧边羽毛是黑色的，中间的两根羽毛有黑色的羽轴，羽支是白色的。喙是角质蓝色，爪子和趾甲也是一样；眼睑宽而厚，有着漂亮的颜色，围绕着榛棕色的眼睛。

雌性马岛寿带比雄鸟稍小一点；鸟冠稍小，眼周的眼睑较薄，也没有雄鸟的眼睑那么宽。长度渐变的尾羽是全黑色的，没有两支细长的中央尾羽。除此之外，它的羽毛和雄鸟一模一样。

在雨季，雄鸟抛弃那两根长羽毛，蓝色的眼睑变薄、缩小而且失去光泽。我们只能通过它的体型大小和更加浓密的鸟冠区分雄鸟和雌鸟。雄鸟的两支中央尾羽会变化几次；我见到两支为漆黑色，还有一些一边白色一边黑色；这取决于鸟儿的年龄，直到第三年那两根长羽毛才全部变为白色。

BIRDS OF AFRICA
VOLUME IV
OSCINES （III）

卷 四

鸣 禽（III）

灰鹟

英文名 | *Ashy Flycatcher*　拉丁文名 | *Muscicapa caerulescens*

灰鹟

鸣禽／雀形目／鹟科／鹟属

这种鹟的特征是眼周有着漂亮的白色眉羽，覆盖到喙开口处下方一点的位置。在非洲，我只在加姆图斯河附近的大森林里见过它们。灰鹟的体型比寿带鸟稍大，更强壮一点，没有鸟冠。宽大而扁平的鸟喙上带有很长而且直的毛，说明它是一个真正的捕蝇者。这种鸟儿通常颜色很单调，眼周有一圈白色，有一条羽饰从前方环绕颈部，尾部宽大分层，每侧的三根羽毛末端带白色斑点。它的羽饰是黑褐色的，在喉部和胸部的白色底色上非常突出；身体下方直到尾部下侧的绒毛也是白色的。整个身体上方，头部、颈部后方、翅膀和尾羽是统一的棕色，腿上的羽毛也一样。上喙是黑色的，下喙为浅白色。爪子和趾甲是棕色的；虹膜为榛色。

雌鸟比雄鸟稍小一点；眉毛不那么明显；但最重要的区别是它没有颈部羽饰，整个身体下部的白色带一种脏脏的浅灰色调。它的棕色也比雄鸟稍淡一些。

灰鹟可以展开尾羽，形成一个打开的扇形，再收回到背部。它只发出一种尖厉的叫声。它会在大树顶上埋伏，等待并捕获经过附近的飞虫。它很可能也在那里筑巢，但十分小心谨慎地隐藏着它的巢。因此尽管当时仍然处于繁殖季节，我们却连一个鸟巢也没有发现。

仙莺

英文名 | Fairy Warbler   拉丁文名 | Stenostira scita

仙莺

鸣禽 / 雀形目 / 莺鹟科 / 仙莺属

这种好看的小型鹟类是我在非洲找到的最可爱的鹟，但它的样子看起来已经和鹟类有点距离了。它的存在似乎可以填补鹟和鸲鹟之间的空白。它有着比其他鹟类更狭长的跗骨。这是鸲鹟的特点。但相反，它的三角形鸟喙比鸲鹟的鸟喙更扁平。它的上下喙也比鸲鹟有更多的毛。因此这种鸟儿在通常的鸟类分类里，位置在真正的鹟和鸲鹟中间。

我认为它是鹟，因为鹟类的典型特征在于，以飞虫和昆虫为食，它们埋伏着守候，当猎物进入它们的捕猎范围时迅速捕获。而鸲鹟并不消极等待猎物，而是不停地搜寻，主动捕食叶子上或树皮上的昆虫和毛毛虫。仙莺也会把自己藏起来，当小飞虫经过它附近的时候，我们可以看到它十分灵活地从各个方向飞出来截住猎物，这样它们就可以从容不迫地填饱肚子。而在一天当中最热的时候，所有的小飞虫都在休息，它就会在树木之间寻找猎物，以毛毛虫、蜘蛛以及所有的昆虫为食，它的食量很大。

它细微但持续不停地叫声会暴露它在茂密的树丛中的位置。它身形小巧，动作灵活。我们常常能很容易地发现它。仙莺和我们的长尾小山雀差不多大，有着苗条细长的外形。

我们在撒哈拉沙漠以南地区找到了这种鸟儿；但它在大纳玛夸兰人的地区，特别是奥兰治河岸边有着更大量的分布。我在那里见到了许多只。在这些鸟儿的发情季之前和之后，我离开奥兰治河进入内陆深处，没能获得它的巢或鸟卵。土著们告诉我它们在灌木丛中筑巢，卵是白色的；但我经常被他们误导，因此不敢引用他们的证词。

白腹蓝鹟

英文名 | *Blue-and-white Flycatcher*　拉丁文名 | *Cyanoptila cyanomelana*

白腹蓝鹟

鸣禽／雀形目／鹟科／蓝鹟属

由于这种鸟身上的天蓝色和鲜艳的橙黄色，我将它命名为橙红天蓝鸟（法语 azurou，意为"橙红天蓝鸟"）。它分布在大纳玛夸兰人的地区，我在大鱼河岸边的树上第一次见到这种鸟儿。它的体型和我们的鹟相当，有更长的跗骨。雄鸟身体上侧部分，即前额、头部、颈部后方、整个背部、臀部、翅膀和尾巴上所有的长羽毛及绒毛，是非常鲜艳的天蓝色；喉部、颈部前方和胸部是闪耀的橙黄色，腹部、腿部和尾巴下方的绒毛是白色的。喙、爪子和趾甲是浅褐色的，眼睛是鲜艳的橙色。雌鸟比雄鸟稍小；雌鸟也有着和雄鸟一样的蓝色部分，但光泽稍弱，色泽也稍暗；更明显的区别是雌鸟没有橙黄色的喉部和胸部，而全部都是白色的，只浅浅的带一些浅橙红色调。腹部的白色也稍微不那么纯净。

在幼鸟时期，雄鸟只有身体后部下方是橙黄色的；但在胸前有几条像画笔画的橙黄色的线。我见到雄鸟和雌鸟总是待在一起；确实，我们是在发情季找到它们的。该地区的土著人告诉我白腹蓝鹟是候鸟，在炎热的时候到来，暴雨季离开。我在射杀雌鸟的时候总是能听到雄鸟的叫声。我没注意到这种鸟儿还有其他叫声，它们不太孤僻，天性并不太胆小。白腹蓝鹟只以毛毛虫和蜘蛛为食；在金合欢花树上筑巢：它的巢被放置在树杈里，以所有环绕的树枝相联结，非常坚固；还由小的藤本植物的茎非常具有艺术性地缠绕在一起，巢很深，但里面没有任何柔软的材料，像是羽毛或者毛发，甚至也没有苔藓。雌鸟产5～6枚卵，浅橄榄绿色，带橙红色斑点，特别是靠近卵大头的方向，小斑点在这里分布得多而紧密，形成一种环形细带。

非洲灰鹃鵙

英文名 | Grey Cuckoo-shrike   拉丁文名 | Coracina caesia

非洲灰鹃鵙

鸣禽／雀形目／山椒鸟科／鸦鹃鵙属

这种鸟儿看起来很像我们的葡萄鸫，然而它的体型不比普通云雀更胖。它从头到尾只有不寻常的羽毛——绒毛。喙是有光泽的黑色，趾甲也一样；爪子颜色更暗淡。雄鸟的羽毛通常是一种深灰蓝色，头部、颈部后方、背部、肩胛、臀部、翅膀和尾巴颜色比颈部前方、腹部下方和尾巴下方更深，尾巴下方是浅白色的。翅膀上大的长羽毛是浅棕色的，外侧边缘带着细细的白色镶边；眼睛和喙之间的部分是黑色的，嘴巴一周和额头边缘也一样。尾巴很宽，有点分叉，侧边羽毛却又分层，使这条尾巴有两种结构。翅膀下方是白色的。

雌鸟比雄鸟小一点；但最显著的区别是，雌鸟眼睛和喙之间没有黑色，额头和嘴巴四周也没有，尾巴最外侧的两根羽毛带白色花纹。两只鸟儿都有着浅黑色的眼睛。

我只在奥特尼夸人的森林里以及斯瓦特科普斯河两岸发现过这种鸟儿；它们总是栖息在最高的树上。我们在那里看到七八只非洲灰鹃鵙聚集在一起，经常在晚上或者清晨见到它们。它们只有一种单调而缓慢的叫声——"li it"，十分微弱，我们勉强可以听到。尽管它们的身体很轻，但它们只做短距离飞行。它们的羽毛分布令人不可思议，羽毛主要集中在臀部；皮肤上很少，我们一枪总是可以打落很多羽毛。当它们被打中，从树上掉下来时，羽毛也纷纷飘落下来。它们的皮肤也相当薄，剥落的时候很难不被撕破；此外，非洲灰鹃鵙不同寻常的苗条，可见它并不贪吃。

我没能获得这种鸟儿的鸟巢。我做了一些研究，它们很可能只将巢建在高大树木的树冠中，或者在另一个地区筑巢和产卵。

这种鸟儿的胃很宽大并且肌肉发达；我解剖了170只非洲灰鹃鵙，打开它们的胃，在里面只能找到毛毛虫。

黑鹃鵙

英文名 | Black Cuckoo-shrike   拉丁文名 | Campephaga flava

黑鹃鵙

鸣禽／雀形目／山椒鸟科／鹃鵙属

这种鸟儿比前一种体型稍小，但特征一模一样；喙虽然形状相同，但是要按比例比较却小得多；尾巴也是同样的构造，也就是说，同样的在中间部分分叉，侧边分层。

黑鹃鵙的喙、爪子和趾甲是棕色的；头部上方和颈部后方是很暗的橄榄绿色，露出一些浅灰色调，在臀部更明显，肩胛色调更黄；背部和尾巴上部有同样的灰绿色，每根羽毛带着横向的浅黑色花纹，然而在尾巴上更明显。同样的浅黑色花纹在棕色配黄色的底色上形成了横向花边，喉部的所有羽毛、颈部前方、肋部和尾巴下方的黄色更加鲜艳，同样在胸前和腿部，向爪跟的方向，黄色很纯净。翅膀的长羽毛和绒毛是浅棕色的，外部羽支为黄水仙的颜色；黄色铺展开来，越接近背部颜色越明显。翅膀长羽毛的内侧羽支，和内侧的绒毛一样，是漂亮的黄色；因此整个翅膀下方一大片都是这种黄色；尾巴最外侧的三根羽毛，一部分是黑色的，边缘是漂亮的黄水仙色；但黄色在最里面总是占据较少空间。邻近的羽毛是浅橄榄棕色，尾巴最中间的两根羽毛是纯橄榄绿色，因此从上面看尾巴完全是橄榄绿色，从下面看却是黄色。

冠卷尾

英文名 | Crested Drongo　拉丁文名 | Dicrurus forficatus

冠卷尾

鸣禽 / 雀形目 / 卷尾科 / 卷尾属

这种鸟类的主要特征是从额前垂直升起的鸟冠，鸟冠中纤细而硬的羽毛完全不弯曲，也完全不会伏在头上。布里松描述并绘制了这种鸟儿，并为它取名叫马达加斯加大凤头鹟；布封发现它和鹟很不同，之后便将它归类为霸鹟，它的确和霸鹟有更多的相关性。

我在撒哈拉沙漠以南地区发现了这种冠卷尾，它们在那里很常见。它们小群一起生活，经常出现在大森林里；冠卷尾主要以蜜蜂为食，会长时间蹲守，在蜜蜂经过时出击。这和鹟捕食飞虫和昆虫的方式相同。但在晚上太阳落山之后和早上太阳升起之前，它喜欢捕猎灵活的昆虫；捕猎时，一小群冠卷尾在一棵孤立的枯树或有很多枯枝的树上沿着树枝排成行，等候蜜蜂从树林中出来收集花蜜和蜂蜡或带回战利品。它们围着树在一定距离内无秩序地飞来飞去的捕猎，随后回到同一棵树上，有时二三十只冠卷尾栖息在这棵树上，一些飞回来，另一些离开。它们重复着同一种叫声，你来我往，热闹非凡，喧嚣异常。

我们想象一下30只鸟儿冗杂地围着一棵树飞来飞去，绕着小弯快速飞行，蜜蜂则企图用急转弯避开它们的敌人。我们发现几只冠卷尾在错失它们的猎物时会很快迅速转向另一只蜜蜂。它们有时会连续做出五六个旋转，向上下左右各个方向跳跃，总之不抓住猎物或不十分疲惫之前不会回去休息。

太阳落山之后，我们听到了它们的叫声，整个群体里的所有个体声调都相同。而且，这种鸟儿全身都是黑色的，某些地区的人类过于幼稚的给它们取了恶魔般的名字，这并不使人惊讶。可他们完全不了解冠卷尾所有叫声和动作的原因。霍屯督人认识这种鸟儿，他们自己也认为它们是不祥之兆。他们向我请求不要射杀这些鸟儿，怕厄运降临到我们头上，特别是不要在它们晚上聚集在一起和巫师交流的时候猎杀。我承认第一次看到冠卷尾时，这些吵闹的鸟儿令我非常惊讶。我完全忘了它们是因为看到了我才激发了所有动作。

下午，我渡过河，站在神秘的大树脚下。我之前没有去过那里，我猜我找到了这种鸟被看作恶魔的原因。地上布满蜜蜂的尸体，大部分只剩下头部、前胸和翅膀；很多蜜蜂还没有死掉；这些都是它们前一天捕猎的残迹。我不再怀疑冠卷尾只在蜜蜂归巢的时候聚集到树林边缘，它们的目的就是捕猎蜜蜂。我在离这棵大树不远的地方躲藏起来，等待着这些捕猎的鸟儿。它们没有迟到，冠卷尾们从森林的各个角落飞来，开始了它们经常进行的操练，直到夜幕降临，我们开始听到夜行猛禽的声音，冠卷尾才被迫撤退。

冠卷尾的体型和我们的葡萄鸫差不多，羽毛全部是黑色，但这个黑色在光线下带一点浅绿色调。喙、爪子和趾甲也是黑色的，但眼睛是深褐色的。鸟冠上最长的羽毛，也就是最后面的羽毛，差不多有54毫米长；前面的羽毛，在鼻翼附近，只有几毫米长。一根接一根紧紧地带着毛刺，向前方弯曲一点。翼展很大，翅膀展开时差不多有405毫米。尾巴由10根长羽毛组成，侧面的羽毛比较长，比中间的差不多长54毫米；因此尾巴分叉很明显。弯折的翅膀展开时可以到尾羽长度的1/3处。

雌性冠卷尾比雄鸟稍小，鸟冠只有雄鸟的一半大。雄鸟和雌鸟一直在一起。

我从未有机会见到这种鸟的巢或鸟卵，我见到它们的时候已经过了孵育期。在幼年时期，冠卷尾的翅膀和尾羽是黑褐色的，其余部分是纯黑色的，像是被灰色上了光，尾羽下部的绒毛是白色的。在这个时期，雄鸟的鸟冠只有18~23毫米高，看起来和雌鸟完全不一样。土著人告诉我，冠卷尾在树上筑巢，雄鸟会在发情季持久而强烈地歌唱，我们在早上和晚上都能听到它们的歌声。我认为这是真的，因为通过我自己对下一篇中的鸟类——黑卷尾——的观察，我发现在发情季和产卵期它们也差不多是这样的。

黑卷尾

英文名 Black Drongo　拉丁文名 Dicrurus macrocercus

黑卷尾

鸣禽／雀形目／卷尾科／卷尾属

这种黑卷尾和前一种冠卷尾的区别是它没有鸟冠，冠卷尾的体型稍小一点。另外，它的尾羽分叉也不那么明。黑卷尾尾巴侧面的羽毛只比中间的长18～23毫米。至于生活习性，这种鸟儿也在每天傍晚和清晨聚集在一起守候从平原归巢到树林里的蜜蜂。请读者们参阅前一篇文章，我描述了冠卷尾的外形和习性，它也是我在非洲见过的三种常见的卷尾科鸟类之一。

黑卷尾在非洲的所有岸边都有着广泛的分布，比如我上面提到的鸽笼河到普利登堡湾流域。我在进入撒哈拉沙漠以南地区的小鱼河和大鱼河附近，以及加姆图斯河和斯瓦特科普斯河的金合欢树林里也再次发现了它们。但我从没在内陆和我第二次旅行的西海岸上见过这种鸟儿。黑卷尾全身都是黑色的，翅膀上大的长羽毛尖端有一种哑光黑色，在光线直射下变幻成浅蓝黑色。喙、爪子和趾甲是黑色的，眼睛是暗褐色的。雌鸟比雄鸟稍小。

在幼鸟时期，黑卷尾腹部下方有白色痕迹，尾巴下方绒毛的基部有白色斑点，所有羽毛都是有光泽的灰褐色。

在发情季，无论清晨和傍晚，我们都能听到雄鸟的歌声，这一歌声与我们欧洲的鸫的鸣声相似。黑卷尾在最高的金合欢树枝侧边尽头的一个树杈上筑巢；巢由柔软的树木嫩枝构成，内部的织物很少，也没有任何柔软的材料。雌鸟产4枚白色的卵，带黑色略方的斑点。雄鸟和雌鸟一样孵卵。

发冠卷尾

英文名 | *Hair-crested Drongo*　　拉丁文名 | *Dicrurus hottentottus*

发冠卷尾

鸣禽／雀形目／卷尾科／卷尾属

这种鸟儿是我知道的最大的卷尾之一，体型和我们俗称高鹈的斛鹈相当。它的鸟喙强壮有力。它的主要特征是在鼻翼上方有一个卷起的小鸟冠，但长度不到7毫米；如果我们不能通过它强壮的体型区分出发卷卷尾，这个鸟冠会是另一个容易识别的特征。

发冠卷尾的羽毛全部是黑色的，反射着暗绿色。尾巴分叉明显；它的喙、爪子和趾甲是黑色的：我不知道它眼睛的颜色，因为我只见过这种鸟儿被剥了皮的标本。阿姆斯特丹的特明克先生收到几只从印度寄来的样本，很好心的给了我一只雄鸟和一只雌鸟。雌鸟和雄鸟的区别在于雌鸟没有任何形式的羽冠，体型更小，羽毛绿色的光泽较少。布里松在他的《鸟类学》第二册的31页很偶然的描写了这只雌鸟，并将它命名为菲律宾寒鸦。布封也描述了这种鸟儿，并将它命名为菲律宾白肋寒鸦。尽管这种鸟儿和寒鸦的区别很大，布封还是公布了他的彩图。这是一幅糟糕的图像。布里松同样也给出了一幅有缺陷的并不完善的图像，它展现了一只保存得很糟糕的残疾的鸟儿，像之前所有在瑞欧莫的陈列室里的鸟儿一样。布里松的描述和图版常常取自那里的样本。我们无法确定我们的发冠卷尾和图上的白肋寒鸦是不是同一种类，这种白肋寒鸦也只存在于巴黎的国家陈列室，完全是从瑞欧莫的收藏里搬过来的。

大盘尾

英文名 | *Greater Racket-tailed Drongo*　　拉丁文名 | *Dicrurus paradiseus*

大盘尾

鸣禽／雀形目／卷尾科／卷尾属

索拉内特从马拉巴尔海岸带回了这种鸟儿，并向我们描述了它的基本特征。他叫它马拉巴尔大鹟，实际上这种鸟是一种卷尾，而不是鹟。随后布封也观察到了这一点，并在他的卷尾篇章中提到。我们自己观察了这种鸟儿，它的所有外部特征，即喙和爪子的形状、整个身体结构、容貌、行为举止等。总之，任何一双训练有素的眼睛都很容易看出，这是一只卷尾。我们自信地公布出图像来接受大家的审查。

索拉内特在他的印度游记第二册第三幅图中给出了一幅很糟糕的图像，让人无法辨认出这只鸟来。比如，鸟的尾巴不是分叉的，反而是平齐的；尾巴尖端发育良好的，可以明显看到这种鸟儿尾部的两根细线。在图像上看起来它们出现在尾巴中间的长羽毛上，然而实际上它们是在尾巴外侧。因此我们迄今为止还没有大盘尾的准确图像。我不得不在这里给出一幅准确的大盘尾图像，以期待大众们能有真实直观的认知。

这种卷尾体型最大，比发冠卷尾强壮，身形也更长。大盘尾尾巴外侧长羽毛延长了很多，细线般地展开，比中间的羽毛长189～216毫米，发育良好，形成狭长的棒槌状。然而我们要看到，这些羽支只占据了羽轴的外侧。而内侧完全是秃的。在这些尾羽上，这些羽轴像其他长羽毛一样整个展开的时候，每侧都带着刺。

大盘尾全身是黑色的，但这是一种很闪耀的黑色，在光线下整体反射着绿色。我在巴黎的自然历史博物馆中见到过一只，另一只在我的朋友，阿姆斯特丹的特明克先生那里，他的鸟是从雅加达运来的。在别人寄给他的包裹里，还有几只没有细长尾羽的同类，这说明它们是雌鸟。的确，雌鸟和雄鸟的区别只在我们说过的长羽毛上。索内拉特没有告诉我们任何关于这种鸟儿习性的信息。他只说它有着红色的眼睛。我们在插图中展示的是巴黎的多西先生陈列室中的鸟儿。

山鹡鸰

英文名 | *Forest Wagtail*　拉丁文名 | *Dendronanthus indicus*

山鹡鸰

鸣禽／雀形目／鹡鸰科／山鹡鸰属

这种白鹡鸰在开普敦市附近和市区里都十分常见，布里松已经在他的著作中描述过这种鸟儿。我们也可以在布封的书中看到一幅很糟糕的画像。

这种白鹡鸰或者鹡鸰(我们用这两个名字中的哪一个无所谓，因为我认为白鹡鸰和鹡鸰完全是一种鸟类)常出现在河或溪流的岸边。总之，所有多水的地带都适合这一物种的生存。它跟随牲畜群，接近家畜，甚至可以在家畜的鼻子上捕食飞虫。总之，它很胆大。它的飞行高度不高，总是小步跳跃着飞行，并发出一种小小的尖利的叫声。它跑得也很快，并不是跳跃着跑，而是走着跑；它的尾巴像通常所有的鸟类一样动作，每时每刻都在持续的抬起落下。山鹡鸰在小灌木上、水边、有时在地上或在河里的岩石上筑巢；城市里的山鹡鸰在居民住所的房顶上或墙上筑巢。

山鹡鸰半球形的巢外部由青草组成，内部铺着动物的鬃毛。雌鸟产3~4枚浅黄褐色的卵。雄鸟比雌鸟体型要大一点。通常头部、颈部后方、背部、臀部、肩胛和翅膀的小绒毛都是水洗棕色；翅膀上大的羽毛也是同样的颜色，不过还带着浅灰色的边缘。眼周有白色的眉毛，眼睛是红棕色的，一条黑色颈毛横穿胸前。喉部、颈部前方和整个身体下部是白色的；但在较高的部位白色更纯净，在肋部颜色变得很脏。翅膀的长羽毛是棕色的，外侧有灰色的边。尾巴差不多和身体一样长，由12根羽毛组成；中间的8根羽毛是黑色的，外边两侧的两根几乎是全白色的，只在根部有黑色；这4根羽毛也有点分层；喙和爪子是水洗黑色。

雌鸟和雄鸟的颜色很像；但雌鸟的白色不那么纯净，也没有黑色的颈毛。在幼鸟时期，雄鸟也没有黑色颈毛，喉部的白色也不那么纯净。

非洲斑鹡鸰

英文名 | *African Pied Wagtail*　　拉丁文名 | *Motacilla aguimp*

非洲斑鹡鸰

鸣禽／雀形目／鹡鸰科／鹡鸰属

这种鸟儿比山鹡鸰稍微大一点儿，体型上很接近我们欧洲的白鹡鸰，羽毛某些部分的颜色也很相似，但它的生活习性和生存习惯更为相似，两种鸟儿也有着完全一样的叫声和鸣啭；我第一次在非洲听到非洲斑鹡鸰叫声时，坚信自己听到了我们欧洲的白鹡鸰叫声。然而，有一次我成功地捕获了一只非洲斑鹡鸰，我马上认识到了自己的错误。

在非洲，我们很少能看到山鹡鸰以两只以上的数量出现；因为雄鸟一旦和另一只雄鸟相遇，就会不屈不挠地斗争起来。在发情季它们只要听到另一只雄鸟的声音就会被激怒，随时准备着战斗，因此彼此之间必须尽力避开。只有当雏鸟开始学会飞行时，我们才可以看到它们跟随父母生活一段时间，每个家庭组成一个小的团队，完美和谐地生活在一起。

非洲斑鹡鸰雄鸟和雌鸟的区别是雄鸟体型稍大一点，黑色更明显，因为雌鸟的身体看起来是更有光泽的灰色。两只鸟儿斑点的分布是完全一样的；我们必须解剖这些鸟儿才能知道其性别，何况在第三次换羽期前，雄鸟也不比雌鸟更黑。在幼鸟时期，雄鸟和雌鸟依然十分相似，两只鸟儿都是比成年雌鸟更浅的深灰色。成年雄鸟有一种尖利的叫声，有时也会发出其他由突然降低的声音组成的鸣啭，这鸣啭宣告着愉悦和欢乐。

这种鸟儿很少停在高大的树上，但几乎总是在岩石上或沙滩上停留，我们可以在那里看到它们以极快的速度奔跑，摇晃着它们的尾巴，捕食所有遇到的小昆虫；它们甚至追踪小飞虫，在飞行中攻击捕获它们。然而它们不是像鹟一样灵巧的守候，其实它们并没有宽大的喙，也没有利于捕捉飞虫的胡须。我经常见到它们为了制服一只出现在水面上的昆虫或蛙虫，把身体浸入水中，一直到腹部。

非洲的山鹡鸰是一种比欧洲的鹡鸰更有野性、更加吓人的生物，因此很难接近。在我走过并发现它们的国度里，它们很不习惯见到人类，因此自然而然的，我引起了它们的怀疑和警惕。当我的整个旅行队不停地忙于捕猎它们时，就更是如此了。然而这种对于人类的怀疑通常并不存在于不习惯见到人类的动物中，因为我发现，好奇的动物们喜欢寻找我们，并似乎很愉悦地跟随着我们。

本篇中提到的鹡鸰，在河边低矮的灌木上筑巢，有时也在岩石洞中、在枯死的或被虫蛀的树干上的树洞里筑巢。这些树干通常在水流中间或被水流冲到了岸边。它的巢由缠绕的青草和苔藓组成，内部铺有毛发和羽毛。雌鸟产5枚卵，雄鸟和雌鸟交替孵卵。孵化期持续13~14天。纳玛夸兰人管这种鸟叫"A-Guimp"，这个名字由两部分组成，每部分都表示沙滩上奔跑的动物。我们起初仅仅在南纬28°、奥兰治河的岸边找见过这种鸟儿。我没有在此以南的地方或是在撒哈拉沙漠以南地区的旅途中见到过这种鸟儿，哪怕我一直走到东岸；然而在自奥兰治河向南回归线之间的地方，我持续不断地在所有河流上找到非洲斑鹡鸰。

尽管非洲斑鹡鸰的羽毛只有纯净的黑色和白色这两种简单的颜色，但这两种颜色以如此令人愉悦的方式分布在身上，形成了一件雅致的外衣。眼周漂亮的白色眉毛一直铺展到后方。喉部、颈部前方、肋部、整个腹部和尾巴下方也都是白色的。头部、颈部后方以及侧面是漂亮的哑光黑色，下降到胸部，形成了一个宽大的胸甲。整个背部、肩甲、尾巴中间的羽毛和翅膀都是黑色的；长羽毛的边缘和大的绒毛有着最令人愉悦的白色花纹。身体两侧有两个白色的斑点，准确地说是在翅膀的根部上方。尾巴侧面的羽毛向外侧逐渐变白，最外侧的羽毛只有基部是黑色的。喙和爪子是黑色的；眼睛是棕色的。

非洲山鹡鸰

英文名 | Mountain Wagtail　拉丁文名 | Motacilla clara

非洲山鹡鸰

鸣禽／雀形目／鹡鸰科／鹡鸰属

　　这种鸟和我们的鹡鸰体型相当，颈部下方有一条黑色的窄颈羽，这成了它的特征。非洲山鹡鸰喜欢停留在树上，这一点和前一种很喜欢待在地上的非洲斑鹡鸰不同。它的爪子也比普通的白鹡鸰或者鹡鸰更短，然而它依然属于鹡鸰类，因为它有着同样的翅膀，也就是说，最前面和最后面的羽毛最长，中间凹陷。只有贝隆（1517—1564年，法国自然学家）很正确地注意到了这一点。的确，只有鹡鸰和白鹡鸰有着像沙锥、鸻和塍鹬一样的翅膀；但非洲山鹡鸰和另外几种鹡鸰的相似点还有很多。它也有着在空气中击打尾巴，和在地上奔跑着寻找蛀虫为食的习惯。它有一种尖厉的叫声，在飞行时鸣叫并重复，就像非洲斑鹡鸰鸣一样叫着跳跃。

　　非洲山鹡鸰头部上方和颈部后方是浅棕色混杂着浅橄榄色调，差不多整个背部和肩胛都是浅橄榄色。翅膀是浅黑色的；翅膀的绒毛中间有一个浅白色的斑点，最大的绒毛带着白边。翅膀边缘下方一点，大的长羽毛是浅黄色的；翅膀其余大的长羽毛也有着浅黄色的边缘，整个身体下方是一种棕色和脏白色的结合，胸部有一条黑褐色的羽饰围绕。尾巴中间的四根羽毛是黑色的，其他的羽毛越向外侧越白。眼睛为棕色，喙为浅黄色，爪子为橙红色。雌鸟没有胸部羽饰。我从没找到过这种鸟儿的巢，这种鸟儿也不是很常见，我只在撒哈拉沙漠以南地区见到过它们。

　　布封先生犯了一个错误，他在描述欧洲的白鹡鸰时，说这种鸟儿尾巴内侧的10根羽毛是黑色的，只有外侧两根羽毛是白色的。然而白鹡鸰的尾巴只有中间的4根羽毛是黑色的，剩下所有的羽毛都是或多或少的白色，越向外侧白色部分越多；因此最后一根羽毛几乎是全白的，只有一个很小的区域不是完完全全的白色。

欧洲石䳍

英文名 | European Stonechat　拉丁文名 | Saxicola rubicola

欧洲石鹏

鸣禽／雀形目／鹟科／石鹏属

我们从好望角向北方行进时，在一片广阔的约800千米的地方发现了10种非常特别的鸟儿，它们像我们的石鹏、野翁鸟和穗鹏。本篇中的这种鸟儿是体型最小的，我命名为欧洲石鹏。它和我们欧洲的石鹏非常相似，我甚至认为它只是一个因气候原因而产生的变种。

布封提到的欧洲石鹏的所有习性都完美地适用于这种非洲的石鹏。我们在好望角附近发现这种石鹏非常常见，沿着整条海岸线，以及在内陆的一大部分，都有它的分布。我们几乎总是可以在焦灼荒芜的土地上发现它。它很少出现在树上，只停留在最低的小枝桠上或一根枯枝上；它通常喜欢小矮树和最小的灌木，甚至一个简单的小木桩；尽管我们在奥特尼夸人的国度发现了它，那里有很大的森林，我却从未在树林里找到过这种鸟类。

我们还观察到，这种鸟儿和我们接下来要讲到的其他鸟儿，都不是非洲的候鸟。它们终生栖息在自己的出生地。

我们总是可以看到雄性欧洲石鹏陪伴着雌鸟。它们喜欢并肩停留在欧石楠顶上或任意一个木桩上；因此我们很容易一枪射杀两只鸟儿，何况它们很不怕人，我们可以非常靠近它们。它们离开的时候仅仅掠过地面，最近的灌木或第一棵小矮树就是它们的目的地。它们还频繁地做尾巴的动作，上下摇晃，同时拍击翅膀，动作很连续。欧洲石鹏经常到动物养殖场去，在那里可以找到大量食物；它在斯瓦特兰和开普敦附近的干旱平原上有大量的分布。这种鸟儿把巢十分谨慎地藏在一个鼹鼠洞里、一丛浓密的灌木脚下、一个岩石洞里，甚至在一叠石头下。雌鸟产5枚带浅黄褐色斑点的卵，雄鸟和雌鸟轮流孵卵。

雄性欧洲石鹏和我们的石鹏有一样的体型和体态。头部和喉部是接近黑色的褐色，我们在它的颈部两侧看到一个大的白色斑点，向颈背方向越来越窄；另外一个白色斑点在翅膀中间。尾巴上下的绒毛和腹部都是白色的；背部和肩胛是黑褐色；胸部是深橙红色，肋部色调稍浅；喙和爪子是黑色的。我们可以使用图像比较我给出的雄性欧洲石䳭和欧洲的石䳭，布封的彩图678编号，图1足以使读者作出判断，那就是这两种鸟儿有相似也有不同。

雌性欧洲石䳭比雄性稍小，颜色完全不同；因为雄鸟的所有浅黑色部分在雌鸟身上为浅棕色；雌鸟只在翅膀、尾巴和腹部有白色羽毛。在某个年龄段，雄鸟羽饰的位置，雌鸟会长出几根白色羽毛；喙和爪子是棕色的。在幼年时期，这些鸟儿全身几乎都是浅棕色的，只有腹部、翅膀中间和尾巴两侧的最后一根羽毛是白色。

移民们惯于看到这种鸟儿经常去他们饲养动物的地方寻找蛀虫。它们非常贪吃蛀虫，移民们叫它 schaap-wagtertje，意为"小羊倌"或"小石䳭"。

冕鵖

英文名 | *Capped Wheatear*　　拉丁文名 | *Oenanthe pileata*

冕䳭

鸣禽／雀形目／鹟科／䳭属

对于这种穗䳭，我想不出比"模仿者"（法语 traquet imitateur，意为"模仿者石䳭"）更合适的名字了；因为它的所有叫声都是模仿其他动物的，因此也经常让人摸不着头脑。公鸡的鸣声、母鸡刚刚产下蛋时炫耀的歌声、鹅的叫声、母羊的咩咩声、狗吠声，总之，对它来说没有难以模仿的声音。它甚至把所有和自己生活在同一地区的鸟类的叫声据为己有，我们可以在晚上或清晨听到这些重复的声调。我经常被这种鸟戏弄。常常以为被它模仿的是其他动物，跑到它身边，才发现被它愚弄了。

我们很自然地可以推测，如果一只鸟儿能够变化它嗓音的声调，它就应该有自己的很令人愉悦的歌声。事实的确如此：在发情季，雄性冕䳭用一种变化多端的嗓音歌唱，有时甚至整夜无休无止，由此它得到一个名字叫 nagt-gaal，荷兰语的意思是夜莺；但因为这种石䳭并不是一只夜莺，我们叫它 imitateur（模仿者）。这个名字很好地表达了它的主要特征，即能够模仿听到的声音。

它的生活习性和生存方式与我们欧洲的穗䳭一模一样。在殖民地被耕作的地区，这种鸟儿经常靠近居民住所，来到翻耕的地里，在动物饲养场四周的篱笆上安家。因此它们也得名 schaap-wagter（放牧者），这个名字被应用于殖民地大部分地区。在田地里时，冕䳭喜欢停留在土块、鼹鼠丘或其他小高地上。它只在掠过地面时飞行，飞行路线非常笔直，从不飞得太远，因为它不怕人。它可以允许我们无限接近它，我见过移民们用鞭子一鞭抽死了一只冕䳭，它当时就在6.5～8.1米之外。通常，我们会在所有殖民地的各处发现冕䳭，它喜欢人类社会。它接近野生游牧民族，因为在牲畜附近可以找到大量各个种类的昆虫和蛀虫，它喜欢以此为食。

在我的旅途中，这些鸟儿经常来拜访我。一次我扎了营，它们就在我的营地附近安家，从不与我们拉开距离。这种对人类社会，或至少对于便利的偏好使冕䳭十分接近人类，它们甚至不去寻找同类。我们很少看到几对冕䳭出现在同一个地方。

雄鸟和雌鸟一般整年不分离。似乎每对鸟儿选择了一片栖息地后就不再离开。雏鸟一旦长大到可以自己生存,就要离开它们的父母。

这种鸟儿的体型多样,毫无疑问,这取决于它们在自己的地区能够找到的食物的丰富程度;在某些肥沃湿润地区栖息的冥鹛比在干旱地区上生活的同类体型大得多,可以想见,连我们人类都不能在沙漠糟糕的土壤上安家。我给出的图像中的雄鸟是体型最大的冥鹛之一:我在从开普敦到甘奶谷附近地区射杀了它。这些鸟儿在那里出现,它们还分布于殖民地大部分地区,特别是美丽的奥特尼夸人国度的东岸沿线,体型和欧洲的穗鹛差不多大。

在所有它居住的地区,尽管没有怀疑的天性,这种鸟儿依然小心地隐藏它们的巢,总是把巢藏在并不平整的地下:在一块孤单的石头下面挖一个洞,或在一个被毁坏抛弃的蚁穴内部,等等。雌鸟产5枚绿松石色的卵。没有任何一个欧洲人见过一只欧洲穗鹛沿着犁沟掠过,然而在开普敦我们可以看到冥鹛这样飞行。这两种鸟儿属于极为相近的物种。它们飞行时,我们都可以看到臀部的白色和尾巴上的部分白色羽毛,因此从后面看它们十分相像。这是旅行者们经常将它们搞错的原因。当他们在外国遇到这种鸟儿,远远地看一眼,就以为我们欧洲的鸟儿存在于世界的另外一个地方。科尔布在好望角见到我们的欧椋鸟、我们的鹰、几乎所有欧洲的鸟儿,也是同样的原因。

红尾岩鹛

英文名：*Familiar Chat*　拉丁文名：*Cercomela familiaris*

红尾岩鹛

鸣禽／雀形目／鹛科／鸥属

　　这种鸟儿很好地保持着它们的自由，看起来像是某种已被驯养的鸟类，对人类社会没有任何危险，敢于接近人类并一起生存。它们知道从人类这里获得好处，我们也让它们悠闲的享受。对它们来说，幸运的是我们还没找到驯服它们为人类所使用的必要性，此外它们也完全不损害我们。

　　在所有愿意亲近人类并没有被驯养的鸟类之中，有在我们的房子里筑巢、养大它们的孩子的燕子，在荷兰习以为常地落在街上和鱼市里、从那里找到大量食物的鹳。每个商人都会扔一些小鱼给鹳鸟，它们非常不怕人，我们甚至可以用手触摸它们的羽毛。

　　至于爬行动物，在苏里南，几乎所有居民的房子里，我们都能够找到一条蛇或两个特殊种类的爬行动物。它们在那里安家，过着像家养动物一样的生活。我们从不担心，因为它们从不伤人，而且它们还可以和猫儿一样敏捷地捕鼠。

　　而我对它们做了更好的观察，因为我进入大自然里，在沙漠中央，人类还没有在那里安家。当我到达一个无人居住的荒蛮地区时，很多动物不止很容易地允许我接近，它们甚至特地赶来看我们。很多种野生鸟类都可以用手抓到。不过有一次我们也发现，需要走得更远才能找到对我们有同样信心的动物，因为如果任何一只动物开始察觉我们是危险的客人，我们就可能不再接近它们了。然而所有比其他动物更加亲人的鸟类，看起来并没有那么警惕，我的霍屯督人们和我将它命名为Vrintje(小朋友)；这是个全体一致通过的命名，是从它对我们的影响得来。我倾向于认为我们之所以能够建立联系，完全是出于它对人类的偏好。

　　我之前已经说过另一种很不怕人的鸟儿时时刻刻都要来拜访我们，多只鸟儿一起长驱直入来到我的帐篷底下；但红尾岩鹛有它们自己的考虑，我们见到同样的几对鸟儿跟随着我们来到不同的营地里。甚至有一次它们和我们把家安在了一起。在路上遇见它们时，它们总会跟随我们很远，有时有2千米远。在整个我们在那里逗留的时间里，只要我们扎下营，就肯定可以在营地上见到它们。我在奥兰治河岸上停留了很长时间，既然营地长时间在那里，我们就养了两只这种红尾岩鹠，一只雄鸟和一只雌鸟，它们从那里一直跟随着我们，直到农夫舒马克废弃的居民区——我在我的第二次旅行中提到过这个地方；但这两只鸟儿在我们离开那里的时候也离开了我们。因为它们的发情季到了，自然需要筑巢并隐匿起来履行繁殖育雏的自然使命。

红尾岩鹠和所有的石鹠一样，没有不动的时候，每刻都在抽动拍打翅膀，并且不时地升高降低尾巴。它也很少停留在地上，只在捕猎昆虫或蛙虫的时候做短暂停留。我们远远地就可以看到它，因为它总是停留在一个小高地或小灌木上，有时甚至在一块小石子或一堆马粪上；它们似乎不屑用爪子接触地面。

我刚刚提到的那两只红尾岩鹠，它们总是栖息在我的一辆车子的辕木一头，或是在车轴上，或是在我帐篷的尖顶上。但它们吃饱了之后，喜欢各自在我的长颈鹿的角上休息。我在一个1米多高的柳条筐上铺开晾晒这只长颈鹿的皮。

这两只鸟儿很是温顺，习惯于和我们在一起，我经常可以抓住一只，抚摸几分钟。它也不会变得更警惕。然而雌鸟比雄鸟要难抓到。但每当想和它们玩耍的时候，我就用一根长线系起一只蛙虫。每次在它们即将要捉住的时候扯线，我可以让它们一直循着蛙虫来到我的脚下。最终迅速地用手抓住它们。但我经常错失雌鸟，雌鸟比雄鸟狡猾得多；即使它进入了我敞开的帐篷，我也无法捕获它。

红尾岩鹠几乎在我第二次旅行经过的所有非洲地区，即整个西海岸一直到南回归线都有分布。它在一块石头下面或一个地上的洞里筑巢。雌鸟产4枚浅灰绿色带棕色斑点的卵。雄鸟和雌鸟一起孵育：我们总是看到两只鸟儿在一起。当雏鸟可以飞起来的时候，它们会跟随父母活动，整个家庭形成一个小型群落。

山鸲

英文名 | *Mountain Wheatear*　　拉丁文名 | *Oenanthe monticola*

山鸦

鸣禽／雀形目／鸦科／鸦属

这是另一种大型石鸦。它的生活习性看起来有点接近岩鸫，特别是被我们叫作海角矶鸫的鸟儿。它和后者一样，只居住在岩石林立的山上，在深深的山洞里休息并筑巢。很少有鸟类拥有和海角矶鸫以及本篇中的山鸦相当的诡计和花招。它们的自然属性也差不多。

山鸦很少落在平原上。只有在非常干旱的季节，当太阳吸收蒸发了岩石上的水的时候，它们才有可能出现在平原上。在这种情况下，为了接近水源或河流，它四处奔波。我们只能靠着耐性和诡计捕获这种鸟儿。即使还没有看到丝毫危险，它就已经飞远，栖坐在无法接近的岩石上了。一枪就可以让它飞到山的另一边或进入一个山洞的深处。它只在认为危险已经过去了时才会出来。我常常看到至少20只山鸦分布在山的一侧，一声枪响之后，整整一个早晨我们都不会再见到一只这样的鸟儿了。

总之我说过的对付岩鸫的所有诡计和花招，通常都可以应用到这种山鸦上。这种鸟儿在每个年龄段都有不同的颜色。在熟龄期，即第一次换羽后的第二年，这种鸟儿的羽毛完全是黑色的，除了腹部、肩膀、尾巴上下的绒毛和侧边羽毛的边缘是白色的。眼睛为棕色，喙和爪子为黑色。雌鸟的颜色和雄鸟一模一样；只是体型稍小。

山鸦只有在发情季时才会成对飞行。当幼鸟学会飞行时，整个家庭作为共同群体生活一段时间；但当它们能够自己捕食之后，就会分开，每只鸟儿独立生活。父母不再考虑它们的子女，彼此忘记并分离，各自生活在自己的地区，直到美丽的季节再次到来，爱情驱使它们靠近。它们的叫声在岩石林立的山上、深深的山洞中发出回响，它们就是在那里居住并抚养它们的孩子们。我始终无法接近它们的鸟卵，到达它们筑巢的地方太难了。

这种鸟儿生活在纳玛夸兰人的国度，这是我在非洲找到山鸦的唯一地区。它们只以蚯虫和柔软的昆虫为食。

杜氏百灵

英文名 | Dupont's Lark　　拉丁文名 | Chersophilus duponti

杜氏百灵

鸣禽／雀形目／百灵科／杜氏百灵属

在我到过的非洲所有部分，我们一共找到过七种云雀，两种已经很有名了，第三种才刚刚被人们发现。因此我们从自然学家们之前已经提到过的种类开始讲述这群鸟儿的故事。当然我们也加入了一些观察，以完善已有的知识。

第一种著名的云雀是布封描述过的云雀，名字叫杜氏百灵(法语名为 sirli，拟声)，我们保留了他的命名，因为在开普敦所有的殖民地上，大家都用这个名字来称呼它。这个名字来源于它的鸣啭，或更准确的说是它的叫声。杜氏百灵有着一个不仅比普通云雀的鸟喙更长，而且像镰刀一样弯曲的喙，这是它的显著特征。只看这个特征的话，这种鸟儿似乎和云雀类很不同，不过它的其他特征和它的习性完全属于云雀的种类。今天的卫理公会的教徒们似乎认为它是一只吸蜜鸟，我们在巴黎博物馆里遗憾地看到一只这种杜氏百灵被胡乱归类到吸蜜鸟中。这只鸟儿是被土著从好望角带来的，而与此同时，稍远一点的另一只是从开普敦带回来的杜氏百灵，位置却在云雀之间，它变动的位置毫无疑问地体现了分类的矛盾。

杜氏百灵在开普敦市附近非常常见。在桌湾和福尔斯湾以及萨尔达尼亚湾沙滩边的沙丘上，完全不需要长时间地寻找就能看到很多只这样的鸟儿。在清晨和日暮时分，我们总是可以听到它们的歌声。这种鸟儿栖息在沙丘的高处，叫声可以传很远——"sirrrrrr-li-sirrrrrr-li"，第一个音节 sir 拖得很长，直拖到换气的时候，用第二个音节 li 来结束；第二个音节拖得很用力，声调更尖厉。在这种歌唱模式下，这只鸟儿身体静止不动，颈部伸直，喙伸到空中；似乎力求使它的声音传到尽可能远的地方。的确，在天气晴朗安静的时候，我们在很远的地方就可以听到它的歌声。在歌声中，或更准确的说，在雄鸟的叫声中(因为只有雄鸟这么叫)，我们接近它们很容易，并将它们轻易射杀。但在其他不歌唱的时间里，它很怕人，会引着猎人在沙丘与沙丘间追逐，直到放弃它转而追向另一只。该地区所有的雄性杜氏百灵都以歌声互相联络，却并不聚在一起。然而，白天杜氏百灵们和其他云雀一样在平原上奔波，收集昆虫和小种子为食。在平原上，比起当它们在沙丘上站岗的时候，我们更容易在它们飞行时捕猎，因为在后一种情形下，我们可以走到离它们更近的地方。

雌鸟在灌木丛脚下的地上产卵，它挖一个坑，用一些干草和几根从腹部拔下的羽毛铺垫。雌鸟产3～5枚脏灰色带浅黄褐色斑点的鸟卵。雄鸟也和雌鸟一样孵卵，雏鸟在第20天孵化出来。杜氏百灵的颜色十分一致；鸟的整个身体上方是一种带浅橙红色的灰褐色，辅以一些更浅的色调：身体下部，一种黄白色或浅橙红色布满胸部，带着几条浅棕色的长方形痕迹。喙是黑褐色的：爪子是浅黄褐色的，眼睛为棕色。此外我们请读者参阅我们在此给出的杜氏百灵雄鸟的准确图像。雌鸟和雄鸟一模一样，只是体形稍微更细长一点；后面的趾甲比雄鸟的更短：喙也没有那么狭长，特别是没有雄鸟那么弯曲。

杜氏百灵也分布在土著人的地区。著名植物学家德方坦斯(1750—1833年，法国植物学家)跑遍了非洲的土著区，带回了一只杜氏百灵，我们在博物馆看到它被放置在吸蜜鸟类之中。这只杜氏百灵和我在非洲南部见到的那些没有区别，只是羽毛的色调更暗淡；除此之外，它们十分很像，毫无疑问，土著的杜氏百灵和好望角的杜氏百灵完全一致。但无论如何它们都不是吸蜜鸟。

大短趾百灵

英文名 Greater Short-toed Lark　拉丁文名 Calandrella brachydactyla

大短趾百灵

鸣禽／雀形目／百灵科／短趾百灵属

这是非洲云雀中最常见，也是分布最普遍的一种，它们常常到访开普敦殖民地上已播种的土壤，完全在那里生活。像我们那儿常见的云雀，它们也广为人知。我们在欧洲，特别是法国，对它们大肆屠杀，接着通常在巴黎出售，被叫作肥云雀。本篇中的这种云雀，我给它取了个绰号叫大嘴（法语 alouette à gros bec，意为"粗喙云雀"），像图中展示的这样。它分布于非洲的南部，和欧洲云雀的常见种类有些区别，外形上它的喙更粗，本质上它的习性也不太相同，因为它不歌唱，也从不飞到空中。它还和我们常见的云雀有其他的不同之处。羽毛更暗淡，尾巴更短而且附骨更长：这些特征使它应该被归入一个特殊的种类。

大短趾百灵在地上的一个坑里筑巢，巢内覆盖着青草和马鬃。雌鸟产 4～5 枚卵，很少有6枚，卵的颜色是灰绿色，带有橙红色小斑点。羽毛没有任何突出特征；它的身体上部所有羽毛的中央都是浅黑褐色的，边缘的色调更浅。胸部脏白色底色上带着黑褐色的灰白斑，整个身体下方都是暗白色。眼睛是棕色的；喙和爪子为浅黑色。雌鸟和雄鸟的区别在于雌鸟的体型稍小。

开普敦的移民们叫这种云雀 deubelde-liwerk，双云雀。因为它比我们提到的另一种云雀（沙丘歌百灵）更强壮——另一种云雀被叫作 inkelde-liwerk，单云雀。

振翅歌百灵

英文名 | Cape Clapper Lark　　拉丁文名 | Mirafra apiata

振翅歌百灵

鸣禽 / 雀形目 / 百灵科 / 歌百灵属

在好望角的所有云雀里，这种振翅歌百灵飞到空中的方式，最像我们欧洲普通的云雀。然而这种非洲云雀起飞的方式和欧洲的云雀不同，它令人愉悦的茂密斑驳的羽毛也和欧洲的云雀很不同。振翅歌百灵飞起离地不超过 4.9～6.5 米，在整个过程中它垂直上升，通过拍击翅膀的加速运动发出一种特殊的声音，我们可以在很远的地方听到这个声音。在该地区，它因此得名 clapert-liwerk，我译为"振翅歌百灵"。它飞到最高点的时候，似乎在虚弱无力地延长拍击翅膀的时间，发出惊人的叫声——"pi-ouit"，最后一个音节拖得比较长，整个过程中它的身体在下降；划出一条斜线直到地面上，然后才完全合上翅膀，它休息至多半分钟，重新开始同样的动作，有时这样反复两个小时不停歇。我们在黎明拂晓时和太阳落山时，甚至在夜晚的大部分时间里都可以听到这种鸟儿的歌声。在整个斯瓦特兰，匹克堡干旱的平原和南非洲的干燥台地高原都有振翅歌百灵的分布。总之，在非洲所有干燥多沙地区，非洲东侧和西侧，甚至在内陆都栖息着这样的鸟儿。但振翅歌百灵的这种活动只发生在发情季，就像我们的云雀只在春天歌唱。我们很少在一年当中的其他时间听到它们的歌声。

振翅歌百灵并不栖坐在树上休息，而总是在地上活动，寻找昆虫和种子作为食物；雌鸟在一个小坑里产 4～5 枚（有时 6 枚）灰绿色的卵，雄鸟和雌鸟轮流孵卵。

振翅歌百灵的羽毛有着令人愉悦的变化，身体上是栗棕色，背部、肩胛和翅膀的绒毛是黑色的，带白色花边。喉部是白色的，胸部白色的底色上带着浅黄褐色斑点，总之身体下部是浅橙色的。喙是浅棕色的，爪子是黄褐色的，眼睛是红栗色的。雌鸟和雄鸟的不同在于雌鸟的颜色不那么明显，体型也稍小。幼年时期，整只鸟儿的身体以一个浅橙红色调为主，整个身体下方是橙红色的。

沙丘歌百灵

英文名 *Dune Lark*　拉丁文名 *Calendulauda erythrochlamys*

沙丘歌百灵

鸣禽／雀形目／百灵科／短嘴百灵属

这种非洲的云雀和我们欧洲的草地鹨很像，有着同样细长的体形和生活习惯。它们都在肥沃的平原上活动，喜欢栖息在灌木丛上，甚至树林边缘的树上，在那里以最令人愉悦的方式歌唱。它的羽毛没有任何凸起的地方，整个身体上部，除了浅红棕色的臀部，都是浅灰褐色和黑褐色的融合，身体下方是暗白色，除了胸前几条棕色的斑纹。喙、爪子和趾甲是棕色的；眼睛为浅黑色。雌鸟和雄鸟的区别只在于雌鸟的体型稍小，颜色更淡一些。沙丘歌百灵在灌木丛脚下筑巢。雌鸟产4～5枚浅橙红色的卵。第一次换羽期前，幼鸟背部还没有显现出橙红色，但通常所有的羽毛都有一种比成熟期更偏浅黄褐色的色调。

沙丘歌百灵被开普敦的移民们叫作 inkelde-liwerk，简单的云雀，因为它比另一种同样常见的云雀更小，后者我们叫作大短趾百灵。

BIRDS OF AFRICA
VOLUME V
SCANSORES & OSCINES

卷　五

攀　禽　和　鸣　禽

红颈夜鹰

英文名 | Red-necked Nightjar　　拉丁文名 | Caprimulgus ruficollis

红颈夜鹰

攀禽／夜鹰目／夜鹰科／夜鹰属

我们注意到这种非洲夜鹰有几个主要特征：大眼睛，宽鸟喙，喙的末端很小。红颈夜鹰的嘴巴不能完全闭合；尾羽末端平齐而不分叉；上喙边缘有很长的僵直毛发，指向前方，遮盖着张开的嘴巴。因此当它在飞行中张开嘴巴捕获猎物时，这些毛发可以阻止昆虫从两侧逃走。一旦猎物进入这宽大的嘴巴里，就再也无法逃出。翅膀展开时只延伸到尾羽3/4的部分，跗骨更长。

红颈夜鹰的发情期在9月。在发情期，雄鸟会用一种特殊的方式歌唱，声音很大。当我运气不好，在一只红颈夜鹰的领地附近扎营时，简直无法入睡。我们可以在太阳落山后一小时和太阳升起前的几小时里听到它的歌声。在美丽的夜晚，它会一直咏唱到天明。虽然伪造几段写出来更简单，我还是多次努力记录下了它的鸣啭。我一次又一次重新开始，尽可能地用我们的语言去捕捉它的歌声："cra-cra, ga, gha-gha-gha; haroui, houi, houi-houi; glio-gho, ghoroo-ghoroo; ga, ha-gach; hara-ga-gach, ah-hag, ha-hag, harioo-go-goch, ghoio-goio-goio。"

如果能够欣赏红颈夜鹰的语言，根据它富有表现力的声调，我们或许可以听出不同的情感。

红颈夜鹰歌唱3个月左右。发情期结束后，它们便不再歌唱。在一年中其余的时间里，红颈夜鹰只会发出一种和我们的夜鹰鸣叫很相似的鸣声。我们白天看不到它。只有走到离它休息的地方很近的时候，它才会被迫飞起来。然而它飞离时的样子并不像是盲眼的，因为它在树木间飞行的路线坚定而平稳。

雌鸟产2枚白色的卵。它毫不谨慎地把这些卵产在地上，几乎总是在一条小路中央。雄鸟和雌鸟同样参与孵卵；当它们专注于此时，我们可以轻易地靠近它。或许只有双脚踩上去时，它们才会逃离。甚至在一些时候，我们从旁边走过，它们仍然纹丝不动。凡是遇到正在孵卵的鸟儿，我常常能走到它身边，将它一棍子打死。只要找准方向，离开它们两步远，出手时认真瞄准，几乎从不会失败。每当我发现一个新的鸟巢，观察到其中的鸟卵而没有试图动它们，下一次我还能在那里看到它们。若是它们察觉自己的鸟卵被我动过，这些爱子情深的鸟儿一定就会把它们转移到别的地方。一旦受到打扰，它们就绝不会再回到这个地方。我出于好奇想观察这些鸟带着鸟卵转移的方式。一天，我在一条很狭窄的道路中间发现了两枚鸟卵。我刻意将它们摆弄了一番，接着走到不远处的树底下，爬了上去。我看到第一只鸟儿从鸟卵上方飞落。我认出这是一只雌鸟。它先是落地，走了几步，靠近鸟卵，看到它们被动过了。于是它绕着这些鸟卵走了几圈，头压到最低，尽可能地接近鸟卵。它不断地在旁边走来走去，接着又呼唤几声，扇动翅膀和尾羽，同时将胸部压在地上。听到这个声音，雄鸟很快飞来，落在雌鸟身旁。它重复着同样的鸣叫和动作。在绕鸟卵走动几周后，它们各自在嘴里衔起一枚鸟卵，接着两只鸟儿一起消失了。我希望在附近的小路上找回这窝卵。可尽管努力沿着穿过整片森林的小径寻找，我还是没有找到这两只鸟儿，也没有找到我一定认得出的鸟卵。

这种鸟儿的鸟卵是纯白色的，惊人的脆弱；蛋壳如此薄，必须轻拿轻放。我从没在欧洲的夜鹰巢穴中看到过这样的鸟卵。

我没有在开普敦附近见过红颈夜鹰。而它们在加姆图斯河两岸和奥特尼夸人的地区，尤其是马普托湾，十分常见。我在威特德夫特农场边一个水湾上看到了红颈夜鹰。我用两个晚上射杀了9只红颈夜鹰，雄鸟和雌鸟都有。我也在斯瓦特科普斯河河岸和加姆图斯河的金合欢花丛中看到它们。在后一地区，居民们叫它Nagt-uyltje(小夜枭)。红颈夜鹰只吃昆虫，通常是蜷螂一类的昆虫；我特别注意到，它们会落在地上捕食猎物。它们也能在飞行中捕猎，但我敢保证它们很少用这种方式。它们在飞行中捕获的昆虫大多数都非常小，这些小飞虫都被包裹在黏稠的唾液中。我杀的每一只红颈夜鹰颚的四壁上都有许多小昆虫。最常见的不比跳蚤或者蚜虫更大。这说明这些鸟儿在黑暗中也可以见到小东西。大的昆虫被捕获之后很快就被吞食，它们甚至会一口吞下整只猎物。

红颈夜鹰的爪子较短，爪趾很小，因此它不得不常常落在地上而不是停在树上。然而在预备休息过夜的时候，它总是在呈水平状的那根矮枝上栖坐下来。在这样的树枝上，它仍然可以像在地面上一样平稳地站立。它喜欢将尾羽平铺在树枝上，来支撑身体的平衡。当树枝不够粗，上表面面积不够大时，它会横向站立在树枝上。很可能所有同属的鸟儿都有相似的习惯。然而，夜鹰科不是唯一一科拥有这种习惯的鸟儿。鹦鹉和其他很多种鸟类也有同样的习惯，猛禽有时也这样休息。我们还很经常可以看到斑鸠在一棵树的很粗的矮枝上沿着树枝行走，很少倾斜。

非洲杜鵑

英文名 | African Cuckoo　　拉丁文名 | Cuculus gularis

非洲杜鹃

攀禽／鹃形目／杜鹃科／杜鹃属

毫无疑问，这种鸟儿和我们欧洲的杜鹃是同一种类，要么是它从欧洲来到了非洲，要么是非洲的品种引入到了欧洲。然而我们可以很容易第一眼就区分出生在非洲的杜鹃和出生在欧洲的杜鹃，非洲的杜鹃身体上方的所有羽毛是一种统一的、比欧洲杜鹃更泛灰色或者不那么暗淡的颜色，尾巴上长羽毛的白色斑点也更大；但这两种鸟儿长羽毛的末端都有着同样的白色边缘，整个胸骨前方白色底色上也都有大片浅黑色的条纹，它们的生活习性、外形、体态和歌声也差不多。

我们注意到生于非洲南部的幼鸟和成年杜鹃之间的区别与生于欧洲的幼鸟和成年杜鹃的区别一样大。两种杜鹃在第一次换羽期前占身体最大面积的颜色都是橙红色；我们很容易区分成年非洲杜鹃和成年欧洲杜鹃，以及两种幼鸟。幼年非洲杜鹃比欧洲的杜鹃颜色更橙红：整个身体上方、翅膀、尾巴、颈部后方和头部上方是一种水洗橙红褐色，带黑褐色条纹；额头、面颊、喉部、颈部前方和侧面是浅橙红色的，配着棕色。胸骨的羽毛、腿部和肋部的羽毛是浅橙红色的，横向有棕色的斑纹穿过。尾巴下方的绒毛是白色的。非洲杜鹃成鸟和幼鸟尾巴上的长羽毛边缘以及白色的斑点是很相似的，成鸟的白色更纯净，铺展面积更大。喙和爪子是带浅黄色的浅棕色，眼睛在第一次换羽期前是浅棕色，熟龄时是黄色。我们在这里展示了幼鸟的图像，它是一只三四个月大的个体。

在非洲，我在卡如薮鸲、欧洲石䳭、领伯劳和南非丛鵙的巢中找到过杜鹃的卵，但我每次只能看到一枚这样的卵。这些卵是橄榄灰色的，带很小的橙红色斑点，这和鸟儿的体型有关。非洲和欧洲的杜鹃一样大。在肯迪布我第一次听到杜鹃的歌声，我发现它和我在欧洲的森林里听到无数次的歌声一模一样。当时我已经在沙漠里迁徙了一年多，筋疲力尽，遇到过各种危险，在离祖国、我的家人、朋友如此之远的地方找寻研究对象；我离开了由大鱼河和小鱼河灌溉的明媚富饶的乡间，横穿非洲中部最干旱的地区，加上不久前的疾病使我非常疲劳，这敲击我耳膜的歌声在我身上产生的效果是意料之中的。我一下子陷入了自己的思绪,想到我的现状,我获得这些知识之前平静的欢乐,我低声对自己说,并没有人会感谢我做的这些。

我坐在一棵树下,沉浸在悲伤的思绪中,这命运的鸟儿似乎在用它的歌声继续嘲笑我的软弱。它不停地歌唱,使我愈加悲伤。幸运的是,一只巨大的野猪粗暴地打断了这一刻。它径直冲向我,即将从我的身上踏过冲进丛林。当它离我还有10步远的时候,我迅速清醒过来,朝它射击,一次打出两发子弹,击败了它;之后我又打了满满一枪子弹,将它放倒在脚下。这次完美的捕猎使我重新恢复了活力,很快我再次可以感受到,杜鹃是多么有趣的存在,在如此不同的两个国度都独特而又常见。

在我发现的有杜鹃卵的大量鸟巢里,3个鸟巢中的杜鹃卵已经被孵育者抛弃了,其中一个巢里还有巢主人的2枚卵。

黑杜鹃

英文名 | Black Cuckoo　拉丁文名 | Cuculus clamosus

黑杜鹃

攀禽／鹃形目／杜鹃科／杜鹃属

这种杜鹃的嗓音十分洪亮，我们在惊人的距离外都可以听到它们的歌声。因此，我们叫它 criard（法语意为"爱吵闹的"，该鸟法语名为 coucou criard，意为"吵闹的杜鹃"）。它栖息在枯树顶上或一棵高大树木的枯枝上，从黎明开始歌唱。它忧伤的歌声，或者说它发出的哀怨叫声，从清晨就持续不停，黄昏时刻又重新开始，直到午夜。在天气晴朗安静的时候，它们常常还会整夜歌唱。叫声是"ha-houa-ach"这样，第二个音比第一个音高，第三个音比第二个音还高，但保持在8度，这就是黑杜鹃的整个句子；也许根据每只鸟儿的肺活量不同，句子或长或短。我听到几次最后一部分比其他音拉长更久；另外两个音，第二个音通常比第一个音长4倍；最后一个音有点上气不接下气，它的歌声可以传很远，不逆风的时候在半里之外都能听到。

此外，在有着很多黑杜鹃的地区，它们的歌声每天都伴随着我们的行程。由于当时是孵育期，我们也发现一些鸟巢中有黑杜鹃的雌鸟放置的卵；我们在一只长尾缝叶莺的巢里发现黑杜鹃的卵混在它们的卵之间，雌鸟将这些卵一起孵育；这个巢是全部封闭的，只保留一个非常小的孔，给这种体型很小的鸟进出，因此在里面发现黑杜鹃的卵是很令人吃惊的。如果这个有一枚杜鹃卵的巢没有绝对地变形，很明显，一只比我们欧洲的杜鹃小1/3的鸟儿是无法进去并产下它的卵。同时，我们还考虑到，通常所有杜鹃产卵的巢都属于更小的鸟类；这些巢大部分很宽敞，但放置在脆弱的树枝上，一只某种体积的鸟想进去产卵非常难，是绝对不可能的事情。因此我们只能想象，黑杜鹃栖息在巢正上方的一根树枝上，使它的卵落入巢内，但我同样注意到，这种方式可操作性并不高，因为有一些这样的小巢其位置并不合适，可在这些巢里我找到的大型杜鹃的卵也不少。我们欧洲的杜鹃也有相似的行为，我在戴菊莺的巢中找到过几次杜鹃的卵，这种巢几乎全部封闭，像非洲的长尾缝叶莺一样；我们还在非洲找到几个云扇尾莺的巢，也是封闭的，入口是一个很窄的颈，一只杜鹃不可能在飞行中产下它的卵并使之落入巢内；考虑到所有这些事实，再加上这些杜鹃产的卵相对于它们的体型来说很小，它们有着宽大的嘴巴，宽敞的喉咙，我们自然会想到这些杜鹃在巢之外的地方产卵，随后用喙或爪子搬运它们。我为此做了大量实验，我小心翼翼地尝试着将卵放入所有我杀死的杜鹃的喙和爪子里，随着实验的进行，我认为任何一只杜鹃的卵放在爪子里都很合适，但放在嘴里更稳妥，只要它们不合上喙；我也在很多其他鸟类和它们的卵上做了同样的实验，结果却相差很多。然而，我依然期望知道真相：我想被事实说服；这些实验对我来说不足以进行推测；我经常问自己，一只杜鹃真的用喙和爪子将它的卵搬运到另一只鸟儿的巢里吗？我发现用爪子搬运卵的方法也有着不便性；因为杜鹃需要在准备放入卵的巢附近栖坐下来，爪子抓着卵将很不方便。此外真正的杜鹃的跗骨很短，应该无法在栖息地——它想放入卵的巢的开口——伸直爪子。如果巢是封闭的，它该怎么做呢？我曾经有一天目睹了一对夜鹰搬运它们的卵，它们将卵放在了嘴里：这是一种可能性，杜鹃也可以使用同样的方法，杜鹃有着一个宽敞的喉咙和一张宽大的嘴。但所有这些仍只是推测或可能性。于是我忍住没有射杀杜鹃，放任它们寻找目标。我的计划是藏在一个巢的不远处守候杜鹃，希望可以突然发现一只；但我的所有尝试都是徒劳。当我找到一个杜鹃可能会利用的巢的时候，我整天蜷缩成一小团待在这个巢附近，这一地区有很多杜鹃，可我什么都没有等来。我的运气不够好，无法满足我的好奇心，无法得知这些鸟儿到底如何搬运它们的卵；我们似乎可以肯定这种搬运方式，因为它们几乎不能用其他方式。

读者们，现有的事实只有这么多了。请暂停你的好奇心。我还需要很多旅行和更深入地研究才能找到事实。在等待的时候我们可以学习一些本篇的主要对象——黑杜鹃——的更多细节。

黑杜鹃比欧洲杜鹃稍小，羽毛全部是黑色的，但这种黑色在翅膀和尾巴的绒毛上看起来带浅蓝色的光泽：尾巴的长羽毛有点分层，末端带白边。翅膀上大的长羽毛边缘以及尖端方向是棕色的。喙是黑色的；爪子为浅黄色，眼睛为深栗色。雌鸟和雄鸟的体型差不多。从喉部直到腿部的羽毛(包括腿部)，雌鸟和雄鸟十分相像，羽毛都垂在跗骨上，所有的羽毛都带有浅橙红色的边，在水洗黑色的底色上横贯而过。

在第一次换羽期之前，雄鸟整个身体下方带橙红色斜条纹，雌鸟也一样；此时，雄鸟和雌鸟都是橙红褐色的，成年后变成黑色。在幼鸟时期，尾巴上长羽毛的末端也是大片浅橙红的褐色；喙是棕色的，爪子是浅黄色的。

这种黑杜鹃在撒哈拉沙漠以南的地区数量众多，在斯瓦特科普斯河方向的整个内陆和肯迪布全境也有很多。我在开普敦附近从未见到也从未听到这种鸟，在奥特尼夸人的国度也没有发现过它们，事实上我在那里没有见过任何一种杜鹃。最后，所有的杜鹃都是候鸟，在雨季离开出生地，我就是在这个季节横穿奥特尼夸的，其他时间在非洲也可以大量地找到一些种类的杜鹃，这里应该可以提供很多昆虫和毛毛虫作为杜鹃们的食物。

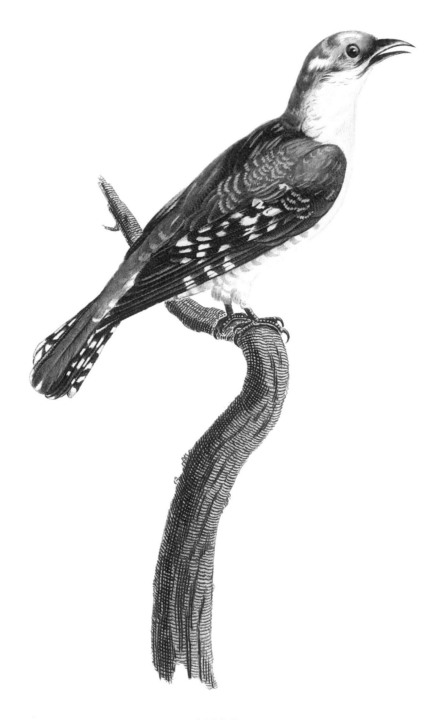

白眉金鹃

英文名 | *Diederik Cuckoo*　拉丁文名 | *Chrysococcyx caprius*

白眉金鹃

攀禽／鹃形目／杜鹃科／金鹃属

我已经在旅途中提到过这种奇妙的非洲南部的小杜鹃,布封在我之前让大家认识了这种鸟的雄鸟,他将其命名为好望角白金绿杜鹃,我们用白眉金鹃(法语名为 coucou didric,拟声)代替他的命名,因为这一名字可以表达这种鸟儿的鸣啭。此外我们也将看到,这不是唯一一种羽毛是金绿色和白色的杜鹃。

白眉金鹃是我在非洲观察到的所有杜鹃中数量最多的一个物种。我总是希望可以无意中发现一只雌性白眉金鹃在另一只鸟儿的巢中产卵,由此推断出所有雌性杜鹃的产卵方式,前文中我们已经提到过这种观察的难度。我依然没能成功,最终我放弃了观察。一天我杀了一只雌性白眉金鹃,打算像每次杀死一只鸟儿之后的操作一样,在喉部放入一个石棉团,这样可以避免血从喙流出,流到羽毛上(在一枪杀死一只鸟的时候这种情况很难避免)。在打开这只雌鸟的喙放入使用的塞子的时候,我在它的喉部找到一枚完整的卵,我立刻辨认出了它的形状、大小和漂亮的颜色,这是它自己的卵。我很高兴在屡次无用的努力和推测之后,这次终于获得了完整的证据。我兴奋地大叫,我忠诚的同伴克拉斯就在我几步之外,我愉快地和他分享了我的发现。他是我的得力助手。克拉斯在鸟的喉部看到这枚卵后,告诉我他有好几次杀死正在搬运它们的卵的雌性杜鹃。在收集雌鸟的过程中,经常会在雌鸟身边见到一枚刚刚摔碎的卵。他认为他射击的时候雌鸟正准备将卵放入巢中。我很快想到,当这位霍屯督人带回他的猎物碎片时,有时会向我展示一只杜鹃,说:"这是一只从树上掉落时正在孵卵的鸟儿。"这使我相信,雌性杜鹃用它的喙将卵放在另一只鸟的巢中,我想这应该是事实。于是克拉斯和我,射杀了所有我们遇到的白眉金鹃;然而在这大量的杀戮中我们只发现了第二只雌鸟,像第一只一样,喙里带着它的卵。在我之前提到过的封闭的巢里面找到杜鹃的卵不会只是大型杜鹃的,还有白眉金鹃这种非洲最小的杜鹃。它们是可以走进巢中的。雌性杜鹃不需要努力将卵产在它们放置卵的巢内,它们可以用喙搬运。如果鸟类学家们对此有任何看法，我刚刚提到的两只雌性白眉金鹃，从它们身上获得的观察可能得出杜鹃吃其他鸟儿卵的结论吗？这一方面我可以肯定，在我解剖的大量杜鹃中，我从未在它们的胃里找到可以使我推测这只鸟吃卵的任何东西。

我到达小鱼河河岸的时候开始见到白眉金鹃。从那时起，这种鸟儿就变得随处可见了，直到撒哈拉沙漠以南的地区，在我的返程中也到处都可以看到这种鸟，包括肯迪布。在我的第二次旅行中，我首先在象河的河岸上见到了这种鸟儿，从那里直到小纳玛夸兰人的国度都是它们的栖息地。总之，我四处都可以见到数量众多的白眉金鹃。这些鸟儿不太容易被看见。但我们不停地听到雄鸟栖息在树顶，以同样声调唱着拖长音节的"di-di-di didric"，在有些动荡的时刻，我们见到它们展开尾巴，翅膀保持半张，歌声变为"diwi-diwi-diwi-diwic"；克拉斯和我注意到它们的嗓音混浊。雌鸟只有一种叫声——"wic-wic"，当雄鸟邀请它靠近的时候它用这样的叫声回应。相反的，当雌鸟呼唤雄鸟时，我们见到雄鸟唱着"di-di-di-di-di"飞来，直到到达雌鸟所在的树顶，雌鸟在这里摆出等待被爱的姿势，雄鸟在雌鸟上方停下来，加速拍击翅膀，愉悦地等待着雌鸟发出的信号，它用因爱情而忧郁的声调热烈的表达，唱出"wi-wi-wi"的声音，最后兴奋地飞到雌鸟身上。开始动作……这个愉快的幸运儿！

白眉金鹃的卵是漂亮有光泽的白色：我总是可以在最小型的食虫鸟类的巢里找到它的卵，然而从没有在食谷鸟类的巢里发现过这样的卵，尽管食谷鸟类的巢更多，也更容易被发现；因为非洲的食谷鸟类通常群居，我们可以在同一个地方找到它们所有的巢。

凤头马岛鹃

英文名 Crested Coua　拉丁文名 Coua cristata

凤头马岛鹃

攀禽／鹃形目／杜鹃科／马岛鹃属

凤头马岛鹃比欧洲的杜鹃体型大，构造也不同；布封已经注意到了这一点，可他还是弄混了这两种鸟类。凤头马岛鹃头上有一个由纤细的羽毛组成的鸟冠，向后方倾斜，当这只鸟充满热情和活力的时候，鸟冠膨胀并竖起；这个时候，它漂亮的宽大带毛刺、轻微分层的尾巴也会展开，它随即将尾巴收回到背上。整个头部包括鸟冠、颈部后方、背部、翅膀的绒毛、臀部和身体上方的绒毛是一种好看的灰色，带着水绿色光泽，随着光的入射，泛着绿色或者灰色的色彩；喉部和颈部前方是一种比其他地方浅得多的灰绿色，向下到胸部，一种浓烈的橙红色越来越深，在胸部达到最深。凤头马岛鹃的身体下部其他部位是一种灰白色。翅膀的长羽毛是一种浅蓝紫色，带着绿色的光泽，和尾巴上的长羽毛一样，尾巴侧面的长羽毛末端有大面积的白色。眼睛是浅红色的，喙、爪子和趾甲是黑色的。

雌鸟比雄鸟小一点：通常颜色稍微不那么闪耀；鸟冠也比雄鸟小。

我们在一棵折断的、被水冲刷出很多洞的树干顶端的一个大洞里找到一个凤头马岛鹃的巢：里面有四只雏鸟。我们在树脚下找到一些麻灰色的蛋壳碎屑。我将这四只雏鸟带回驻地，试图将它们养大；但它们不接受我们提供的任何食物，第二天就死了。雏鸟全身被橙红灰色的绒毛覆盖：翅膀和尾巴的长羽毛已经有差不多27毫米长，是好看的带着光泽的海绿色；它们的眼睛是灰褐色的：喙为棕色，根部环绕着黄色的赘肉。我们射杀一只凤头马岛鹃的雌鸟时，听到雄鸟以一种"coha-coha-coha"的声音呼唤它，马达加斯加的居民们给这种鸟儿取的 coua 的名字也许由此而来，我们在印度和斯里兰卡的一些地区也发现了这种鸟类。

塞内加尔鸦鹃

英文名 | Senegal Coucal   拉丁文名 | Centropus senegalensis

塞内加尔鸦鹃

攀禽／鹃形目／杜鹃科／鸦鹃属

塞巴是第一个描述这种鸟类的人，他叫它 courou coucou，这个名字表达的是它的叫声。我们不仅在埃及发现了这种鸟儿，它似乎还存在于非洲的大部分地区，我在广阔的非洲南部见到了几只鸦鹃。它们是从塞内加尔飞来的。人们还在印度的很多地方找到了它们，我在巴黎时收到过从印度直接寄来的含有鸦鹃的鸟类包裹。

我比照了来自不同国家的所有鸦鹃，看到它们之间很少有不同之处，气候没有带来该种类颜色和外形的变化：在鸟类学的大型观察中，自然学家们经常确立同种内的气候变种，而大多数时候，所谓的变种其实并不是同一属，或者只是不同年龄或性别的同种鸟。

鸦鹃的叫声很特别——"courou-courou-courou-cou cou cou cou cou cou"：最后一个音节的部分很长，一直拉长到它不能呼吸为止，随后马上以低沉的嗓音重复，然后升高音调，我们在很远处就能听到。在远处，我们听到所有的"cou cou……"音节以洪亮的嗓音加速重复，似乎形成一个连续的 hou 或 ou 的音；但在近处我们可以准确听出真实的音节。我数到它连续发出 42 个 cou 音，没有中断。我们听到"courou-courou"的缓慢表达还带着重音。黎明，我们听到鸦鹃在整片森林里开始它们的歌唱，可以唱大半个上午。在天气晴好的时候，太阳落山一两个小时后它们也会重新开始歌唱。像所有会唱歌的鸟儿一样，鸦鹃在歌唱的时候非常容易被接近。在其他时刻它们十分警惕，不会突然被我们撞见；但我们每天在同样的地区，同一棵树上，都一定能找到同一对鸟儿。雄鸟栖坐在树上歌唱，我们很容易发现这棵树，并藏在附近，可以方便地射击。如果我们想得到雌鸟，必须第一枪先射雌鸟，因为一旦它听不到雄鸟的歌唱，就会迅速消失了。它要么离开了这个地区，要么变得非常警惕，不再会被猎人发现。相反的，当雌鸟被第一个射杀，雄鸟会在该地区周围四处盘旋，我们可以听到它持续的尖厉叫声"coura-coura how coura how"，即便雌鸟被捕杀也不能改变它早晚歌唱的习惯。捕鸟者管这种鸟叫frouer，我们想接近鸦鹃时，必须很好地隐藏起来，因为在看到你们的那一刻，它们会迅猛地冲进丛林，让你无法再瞄准射杀。鸦鹃在树顶的一个大洞里，或在一个折断的被虫蛀的粗树枝里(非洲的森林里不会缺少这样的树枝)筑巢。雌鸟产4枚橙红白色的卵，它将卵放置在用来填满洞底的树木嫩枝上。雄鸟和雌鸟一样孵卵。

我最初是在加姆图斯河附近的森林里听到鸦鹃叫声的；从那里直到撒哈拉沙漠以南的地区，我一路持续听到它们的声音；在经过内陆回开普敦的时候，我在肯迪布再次见到了这种鸟儿的叫声，但从那里往开普敦的方向我没有再见到过它。在第二次向西海岸的旅行中，我没有见过一只鸦鹃。

总之，鸦鹃独自生活，和夜鹰共同在一棵树的矮枝上栖息。

马岛小鸦鹃

英文名 | *Madagascar Coucal*　拉丁文名 | *Centropus toulou*

马岛小鸦鹃

攀禽／鹃形目／杜鹃科／鸦鹃属

这种鸟儿是已知的鸦鹃里体型最小的，它很像杜鹃，因为它有比其他鸦鹃更小的喙，轻盈的体型和优雅的外形。因此这种鸟在鸟类学分类里，位置应该在真正的杜鹃后之后，作为和鸦鹃之间的联结。

马岛小鸦鹃，我以它羽毛的常见颜色为它命名（其法语名为 coucal rufin，意为"橙红色鸦鹃"），橙红色在它的不同部位或多或少的分布，从分层的尾巴到沿着身体其他的部分，从喙直到臀部都有这一颜色。它圆形的翅膀在弯折的时候只到尾巴的根部。它的跗骨很长，很纤细，骨距很直，像所有的鸦鹃一样，仅有27毫米长。

马岛小鸦鹃头顶上方、颈部后方、背部、翅膀上方的绒毛、臀部和尾巴上方的绒毛是一种浅棕橙红色；但所有这些羽毛的中间有一条纵向由浅橙红色变成白色的线。翅膀是鲜艳的橙红色，末端和靠近背部的长羽毛带有浅棕色的斜纹。喉部和颈部前方是水洗的橙红色，胸部、腹部和肋部也是一样的颜色。所有这些羽毛的中部都带着一种暗白色调，这个颜色同样是腹部下方和尾巴下方绒毛的底色，那些羽毛和绒毛带着比底色更浅的棕色横向条纹。尾巴是浅橙红色，中间的两根长羽毛上带着横向的棕色斑纹，在所有其他羽毛的外侧边缘也有棕色的斑纹。喙、跗骨、趾甲是浅黄褐色，眼睛是浅橙红色。雌鸟比雄鸟稍小，骨距也有区别，长度上少1/3。

我没能找到任何马岛小鸦鹃的巢用来做研究。然而我注意到这种鸟的雄鸟和雌鸟都孵卵。我发现这些鸟儿的时候，它们正在同时孵卵。我坚信雌鸟在树洞里产卵；因为我们很容易闻到枯木和羽毛混合的气味。通常所有在树洞里筑巢的鸟儿都会散发出这种气味。我在大鱼河岸边找到过马岛小鸦鹃，在别的地方再也没有见到过它们。我从未听到过它们发出任何叫声。

地犀鸟

英文名 | *Abyssinian Ground Hornbill*　　拉丁文名 | *Bucorvus abyssinicus*

地犀鸟

攀禽／犀鸟目／地犀鸟科／地犀鸟属

布封描述了这种非洲犀鸟，称其为阿比西尼亚犀鸟，我们更名为肉瘤犀鸟(法语 calao caronculé，中文名称地犀鸟)，这一名字可以更好地表现它的特征。因为这种鸟儿是唯一喉部带有肉瘤的犀鸟。

著名法国昆虫学家的儿子杰弗洛伊·德·维勒讷沃从塞内加尔为我们带回几只成熟状态下的地犀鸟个体，他在那里旅行了很长时间。因此，通过他我们得知，这种鸟喉部的裸露部分是肉瘤，差不多像我们印度公鸡的喉部。这些肉瘤是红色的，而它的皮肤差不多是浅蓝色的。但当鸟被剥皮、皮肤被风干时，这些多肉的部分会褪色，肉瘤也消失了；因此布封没有在他的阿比尼西亚犀鸟的描述中说到肉瘤，这毫不意外。它们也会像在所有其他带肉瘤的鸟上一样，从犀鸟身上消失了，或者肉瘤在幼鸟时期本身就不太明显。通过它和成鸟十分不同的头盔可以看出，布封描述的个体必定是在幼鸟时期。我们已经提到过，也看到过，在所有的皱盔犀鸟中，头盔部分在幼年时期几乎不存在，它随着犀鸟年龄增长，外形的几次变化而缓慢出现。

地犀鸟是所有已知的犀鸟中最胖的。我从看到的所有被剥下来的皮可以推断它们的身体表皮差不多和我们的印度公鸡一样大。然而它的尾巴和颈部比马来犀鸟更长。地犀鸟的喙不同寻常的大。当这只鸟到了一定的年纪，喙可以达到325毫米长、135毫米宽，包括形状很特殊的、出现在它根部的三个圆形凹槽上的头盔，其上部最突起。这个头盔的前方打开，也比较高，凹槽的边缘是规则的三叶草形状；我们看到布封给出的幼年时期的犀鸟，头盔外形十分不同，每侧凸起，棱角的地方有条纹，前方是全部封闭的。喙在整个长度上是弧形的，尖端为圆形，两侧扁平。上下喙在侧面像是非常不规则的裂口，使它们只能在根部汇合，尖尖的根部很柔软。

请读者参阅我们在此给出的两幅喙的图像，一个是成熟状态下的喙，另一个属于一只大一岁的个体。毫无疑问，年轻的时候，地犀鸟的头盔更矮；在雏鸟离巢的时候，头盔部分应该只有很小。另外，我们观察到的任何一只普通犀鸟都有体积巨大的头盔，包括一种被我们叫作独角兽的鸟，所有的犀鸟都有着巨大的喙。这一尺寸和体型相关。

地犀鸟的头部是一个引人注意的肿块，头部的骨头非常坚硬。眼睛很大，上方的眼睑带着硬而平的睫毛。爪子很粗，覆盖着大大的鳞片；趾甲和所有犀鸟同样形状，大而扁平，爪趾下面很粗糙，趾甲粗大柔软，这样的趾甲证明这种鸟儿经常停留在地面上；尽管它看起来又胖又重，地犀鸟也可以借助它的趾甲栖息在粗树上。

我并没有在我走过的非洲地区发现地犀鸟。它似乎比较喜欢生活在南回归线方向；因为它们在塞内加尔和阿比西尼亚有着大量的分布，布鲁斯(1730—1794年，苏格兰外交官、探险家、地理学家)在那里也见到了它们。

斑尾弯嘴犀鸟

英文名 | *African Pied Hornbill*　拉丁文名 | *Tockus fasciatus*

斑尾弯嘴犀鸟

攀禽 / 犀鸟目 / 犀鸟科 / 弯嘴犀鸟属

我给这种有着大面积黑白间色的非洲犀鸟取了这个名字(其法语名为 calao longibande, 意为长型犀鸟, 中文名为斑尾弯嘴犀鸟), 因为它标志性的尾巴和身体一样长。这种鸟的体型和我们欧洲的喜鹊差不多。它的喙从根部直到长度的3/4处高高隆起, 前端带花边, 上喙高出4.5~6.8毫米。上下喙都很厚、为拱形且侧边呈锯齿状。喙的根部, 即整个超过小鸟冠的部分, 是一种红棕色, 这种颜色在上下喙都有分布, 向上进入上喙的盔突, 盔突在长度上被一条经过鼻翼的红棕色线等分为两部分。尾巴和身体长度相当, 轻微分层, 弯折的翅膀展开时可以到达尾巴上部绒毛的根部。这种鸟的其他特征和所有犀鸟十分相似。头部、颈部、背部、臀部、翅膀和上部分的绒毛是一种哑光黑色, 有时会泛着棕色。尾巴中间的四根羽毛是黑色的, 邻近的两根和最外侧的两根是白色的; 因此尾巴形成黑白交替的5片区域, 色彩搭配令人愉悦。除了腿部和肋部后方长长的带有浅黑色波纹的羽毛, 整个身体下部, 包括尾巴下方的绒毛, 都是白色的。喙和盔突是暗淡的黄色, 所有其他部位是我们说过的红棕色。我们注意到, 在上下喙的侧面, 向根部的方向, 小小的花纹使之看起来像是一种很细致的雕刻品。爪子和眼睛是黑色的。

我们见过3个斑尾弯嘴犀鸟个体, 它们在非洲的安哥拉、刚果、加蓬附近被捕获, 和其他的鸟类一起被寄往欧洲。这3只犀鸟中的一只今天成为阿姆斯特丹的特明克先生收藏的一部分; 另一只属于我, 第三只被卖掉了, 我不知道卖给了谁。我在去往开普敦的旅行中没有见到过这种鸟儿。

黑喉响蜜䴕

英文名 | Greater Honeyguide　拉丁文名 | Indicator indicator

黑喉响蜜䴕

攀禽／䴕形目／响蜜䴕科／响蜜䴕属

这种响蜜䴕的体型和我们的灰伯劳差不多，然而灰伯劳的尾巴比它的长。头部上方、颈部后方、背部、翅膀的绒毛，是泛着棕色的橄榄绿色，但在某些部位带有更浅黄色的色调。臀部是白色的，尾巴上方的绒毛也是白色的，略微带着点浅橄榄绿色。翅膀的长羽毛的底色是橄榄棕色，外侧带着橄榄绿色的花边；尾巴每侧最外面的3根羽毛是白色的，每根羽毛的根部都带着一个棕色斑点；邻近的羽毛，包括最中间的两根，外侧羽支是橄榄棕色，内侧羽支的一部分是白色；这产生了一个特别的效果，让尾巴看起来似乎缺少中间的两根羽毛。所有响蜜䴕的种类都有这个特征，至少是我见到的所有种类。黑喉响蜜䴕的整个颈部前方，从喙直到胸部下方，是淡黄色的，颈部中间有着灰白色的波纹，喉部带有一些黑色斑点。整个身体下部的其他部位，从胸部下方起，包括尾巴下方的绒毛，是一种浅黄的暗白色；喙、爪子以及趾甲是和眼睛一样的棕色。

雌鸟比雄鸟稍小一点，整个翅膀上方和背部的橄榄绿色比雄鸟更偏浅黄色调。雌鸟的整个额头布满浅黄色小斑点，喉部、颈部前方，以及胸部和肋部，在浅黄色的底色上带着黑褐色的变化。除此之外，雌鸟和雄鸟十分相似。

在第一次换羽期之前，雄鸟看起来和雌鸟一模一样。

黑喉响蜜䴕居住在整个非洲东海岸，从奥特尼夸人的森林直到撒哈拉沙漠以南的地区。这种鸟非常容易被发现，因为我们可以持续听到它们的尖厉叫声。这叫声总是在告知猎人它的所在之处，我们也很容易接近它们。射杀并不困难。雄鸟和雌鸟很少分开。雌鸟在一个树洞中产3～4枚暗白色的卵；雄鸟和雌鸟轮流孵卵。

小雨燕

英文名 | *Little Swift*　拉丁文名 | *Apus affinis*

小雨燕

攀禽／雨燕目／雨燕科／雨燕属

这种雨燕和我们的黑雨燕体型差不多，颜色也很相似，不过它的臀部下方侧面是白色的，在翅膀弯折的时候被遮盖。然而翅膀根部靠近背部的羽毛，也在内侧羽支上有着白色的色调，这一部位明显得多。根据这样的特征，我没有将这种鸟列为我们黑雨燕的变种。

小雨燕在开普敦有着大量的分布：它比白喉雨燕更亲人，它接近人们的住房，和燕子生活在同样的地方，却不和它们混居；它甚至以武力占领燕子开放的巢，用来产卵，产4枚白色的卵。这些强占来的巢通常在墙洞里或岩石的裂缝里。

我没有找到小雨燕雄鸟和雌鸟的任何区别，只是一只颜色偏黑，另一只颜色偏棕。它们有着浅黄褐色的眼睛。

金腰燕（左上）

英文名 | Red-rumped Swallow　　拉丁文名 | Cecropis daurica

红额燕（右下）

英文名 | Ethiopian Swallow　　拉丁文名 | Hirundo aethiopica

254

金腰燕

鸣禽／雀形目／燕科／斑燕属

这种燕子被布封描述为好望角的燕子，取名叫橙红帽，他的彩图是一只样本的图像，是我们本篇描述对象的雌鸟。我们叫它金腰燕，因为雄鸟并没有橙红色的头部，我们必须给这种鸟一个适合两种性别的名字，不能用雌鸟和雄鸟的不同之处来命名，造成错误。雄鸟的头部上方是黑色的。

金腰燕在开普敦度过整个夏天。它们数量众多，也十分常见。通常我们随处都可以遇到它们，特别是在人类居住的地区。这种鸟儿很亲近人，飞进移民的房子里，在里面飞来飞去。在城市里我们不能容忍它们的拜访，认为它们会弄脏公寓。在这一方面，乡下的人们没有那么在乎，他们不会力求维持房屋整洁。金腰燕不仅可以在荆棘丛中安心的筑巢；人们还很高兴地看到它们在他们的卧室里筑巢。因为这对他们来说，是一个好兆头。金腰燕的巢通常贴近天花板，顶着一根梁，由加水拌和的泥土筑成，像我们欧洲的燕子一样；但巢的外形完全不同。金腰燕的巢是一个空心球，装了一根长长的管子，雌鸟通过管子悄悄溜进巢内，巢的内部用它能找到的所有柔软的东西铺垫。雌鸟产4～6枚白色的卵，散布着小小的棕色斑点，孵育期长达18天。

这种非洲的燕子的雄鸟头部上方是黑色的，颈部后方的上部是鲜艳的橙红色，臀部也一样。背部、翅膀和明显分叉的尾巴——最外侧的两根羽毛末端是两根细线，中间的羽毛内侧有白色斑点——是带光泽的浅蓝黑色，和我们的家燕一样。喉部、颈部前方和整个身体下部，包括尾巴下方的绒毛，都是浅橙红色的。这种橙红色在肛门方向加深，该部分的所有羽毛都有浅黑色的羽轴。爪子是浅黄褐色的，眼睛是鲜艳的栗色。喙是黑色的。

雌鸟和雄鸟相似，不过它的整个头顶是橙红色的，尾巴的长羽毛没有雄鸟的宽大。

这种鸟类和我们的家燕有着相似的体态、同样的叫声和相貌。

红额燕

鸣禽／雀形目／燕科／燕属

这第二种非洲的燕子有着和前一种一模一样的外形，因此也和我们欧洲的家燕外形一样；但和它们不同的是，红额燕有一条橙红色的头带横贯额头，它的整个身体下方，从胸部下方起，直到并包括尾巴下方的绒毛，是纯净的白色。头部、颈部后方、背部、翅膀、尾巴、颈部前方直到胸部，总之其余所有羽毛，都是有光泽的亮蓝黑色。喙和爪子是黑色的，眼睛是棕色的。

我只在雨季看到过这种鸟儿，并没有在任何地方找到它产的卵；很可能它只在冬天的时候在非洲南部停留，因此不在这里筑巢。我没有找到雄鸟和雌鸟之间的差别，除了雌鸟比雄鸟稍小一点点，尾巴也稍短一点。幼鸟很容易被认出，它们的尾巴比雌鸟还要短，翅膀上的黑色有点泛棕色，而不是成鸟身上纯净带光泽的黑色。

我在一个从塞内加尔搜集的鸟类包裹里找到好几只这种红额燕，因此可以认为这种燕子在赤道附近生活，它们在雨季时离开该地区向南迁徙，这时雏鸟已经孵出；当它们到达好望角方向时，身边还带着幼鸟，这证明了它们在别处筑巢。亚当森(1727—1806年，法国自然学家)在塞内加尔把红额燕当成了我们欧洲的家燕吗？它在塞内加尔也没有比在开普敦筑更多的巢，因为这位旅行者特地提到它不在塞内加尔附近筑巢。此外，布封一定在这些从塞内加尔寄来的鸟中将这种鸟当成了我们的家燕。同样亚当森也观察到，它不在塞内加尔筑巢；而我们并不能确定我们的家燕会去塞内加尔。

BIRDS OF AFRICA
VOLUME VI
SUPPLEMENT

卷 六

补 录

非洲灰啄木鸟

英文名 | Olive Woodpecker　拉丁文名 | Dendropicos griseocephalus

非洲灰啄木鸟

攀禽/䴕形目/啄木鸟科/灰啄木鸟属

我将非洲的这种啄木鸟命名为非洲灰啄木鸟,布封为其取名为好望角灰头啄木鸟;但这位自然学家只见过一只幼鸟个体,就根据它命了名,如今我们必须用另一个名字替代,使布封在这种鸟类的特征上犯的错误不再延续下去;雄鸟和雌鸟成熟状态时头顶都是红色的,灰头啄木鸟的名字显然不再适用于该种类。

这种啄木鸟生活在整个非洲东岸,这包括从鸽笼河——我前几次只见到几只——一直到撒哈拉沙漠以南的地区。它们也分布在内陆的很多地区;但在我的旅程中,我从未在西岸的任何地方见到它们。

我们就不在这里描述这种鸟类的体型了,两只个体被绘制成了图像,读者可以自行进行比照。我们的两幅图,一幅展示了雄鸟的成熟状态,另一幅是一只幼年雌鸟。

雄鸟的额头和头顶是橄榄灰色混杂着红色,枕部覆盖着丝般柔软光滑、像头发一样细长的羽毛,是光彩夺目的红色。面颊和喉部是橄榄灰色,紧接着是有光泽的橄榄黄绿色,在光下发出闪耀的光芒,这也是通常所有羽毛的主要颜色,而臀部和尾巴上方的羽毛是鲜艳的红色。翅膀和尾巴的长羽毛内侧是黑褐色,通常羽毛外侧部分是橄榄绿色。喙和趾甲是黑色的;眼睛是红棕色,爪子是铅灰色。

雌鸟不仅体型上比雄鸟小一点;而且它的橄榄绿色通常更偏浅棕色,红色部位和两岁的雄鸟相同,但颜色不那么鲜艳,展开面积也较小;第一次换羽期前,雄鸟的枕部中央已经有了红色;但雌鸟在同样状态下只有臀部带这个颜色,它的头部、面颊和喉部是灰色的,这些可以在我们给出的一岁的雌鸟的图像中看到。第一次换羽期结束后,雄鸟步入老龄,我们注意到它们胸骨中央的羽毛出现了浅红色调。

非洲灰啄木鸟和其他所有啄木鸟一样,在一个树洞里筑巢。产4枚白色的卵,雄鸟和雌鸟轮流孵卵。

南非啄木鸟

英文名 | Knysna Woodpecker   拉丁文名 | Campethera notata

南非啄木鸟

攀禽／䴕形目／啄木鸟科／绿背斑啄木鸟属

在奥特尼夸的森林里，我第一次遇到这种迷人的喜鹊，我将之命名为虎纹啄木鸟(法语 pic tigré，意为"虎纹啄木鸟"，中文名为南非啄木鸟)，因为它颈部前方、胸部和整个身体下部的所有羽毛，在浅黄白色的底色上带有可爱的黑色斑点，圆形的斑点很好地模仿了豹的皮肤。

雄鸟在成熟状态时，有一条红色的疤痕，从嘴角起，以胡须的形状在两侧展开。头顶是红色的，带着灰绿色波纹，枕部覆盖着一顶红色无边圆帽，由像头发一样的羽毛形成，羽毛很长。当鸟儿在激情下变得活跃的时候，羽毛形成一种多刺的顶发，呈现出鸟冠的样子。颈部后方、背部、翅膀覆羽、臀部和尾巴上方的覆羽是浅黄橄榄绿色，在某些角度泛着棕色，轻微的装饰着浅黄褐色的细条纹。翅膀的长羽毛是一种橄榄黑褐色，外侧边缘被白色分割，内侧带着白色的斑点；尾巴和背部都是绿色的，但讨人喜欢地带着浅黄色，每根羽毛的根部都是浅红黄色。喙、爪子和趾甲都是黑褐色；眼睛是浅红褐色。

雌性成鸟看起来和雄鸟一模一样，唯一的区别是雌鸟体型稍小，也没有红色的胡须，它只在枕部有红色，所有头部前面的部分在橄榄绿的底色上带有浅黄褐色的小斑点。通常它的颜色也没有雄鸟那么闪耀。在幼年时期，雌鸟头部没有红色，雄鸟在同样时期枕部已经有了红色；但雄鸟标志性的红色胡须在2岁之后才出现。

尽管我们最初是在奥特尼夸的森林里找到的这种啄木鸟，然而它在这里的分布比在加姆图斯河附近和撒哈拉沙漠以南的地区少得多。

南非啄木鸟产4枚浅蓝色底、带棕色斑点的卵；雄鸟也和雌鸟一样用心孵卵。

须啄木鸟

英文名 *Bearded Woodpecker*　拉丁文名 *Dendropicos namaquus*

须啄木鸟

攀禽／䴕形目／啄木鸟科／灰啄木鸟属

两条黑色的宽胡须是这种啄木鸟的独有特征，一条从下喙角降到颈部两侧，另一条从眼睛开始。我只在撒哈拉沙漠以南地区见过这种啄木鸟。这些胡须是哑光黑色，比所有其他部分底色上的条纹效果更加显著，面颊和喉部是纯净的白色；该特征可以使这种鸟更好地区别于其他种类，不仅雄鸟和雌鸟身上都有这两条胡须，甚至幼鸟在离巢之前长出第一批羽毛的时候，就已经有了胡须。

这种啄木鸟的体型和欧洲斑啄木鸟差不多。雄鸟整个头顶前方，即额头和前顶，覆盖着黑色的小羽毛，带浅橙红色小斑点；枕部是朱砂红色，紧接着是与黑色胡须形成可爱的对称的黑色斑点，白色的底色被黑色胡须分割。这种鸟的身体上部所有羽毛，即颈部下方、背部、肩胛、肋部、翅膀上侧的绒毛以及后部的所有长羽毛，是一种橄榄绿色，随着光线的照射，或多或少地显出棕色或黄色，甚至灰色；特别是在向颈部的方向和臀部上，灰色似乎占据优势；所有这些部分的斑点以及浅黄色的细密条纹最多。翅膀上的长羽毛，羽轴是金黄色，羽毛是橄榄棕色，然而外侧比内侧更浅，所有的羽毛都带着浅黄色斑点。尾巴的长羽毛，羽轴也是金色，通常和翅膀的长羽毛颜色一样；但我们注意到在每根羽毛的尖端有更多的浅红色调。喉部中央是白色的，这个白色持续到颈部下方，但被橄榄灰色轻微的断断续续截断，随着下到胸部，橄榄灰色面积越来越大。最后，所有剩下的羽毛，从胸部直到尾巴下方的绒毛，在橄榄棕的底色上，有暗白色的条纹和阴影，尾巴下方有点浅黄色。喙是黑色的，趾甲和爪子是棕色的，眼睛为深红色。雌鸟除了比雄鸟稍小一点以外，完全一模一样。

须啄木鸟在整个撒哈拉沙漠以南的地区大量存在，我们时刻都能看到它爬在金合欢树上，十分用力地敲击树皮。当我第一次听到这只鸟儿发出的声音时，我以为我将要看到一只至少和美洲啄木鸟一样大，甚至更大的啄木鸟。这种啄木鸟产4枚哑光白色的卵，雄鸟和雌鸟一样孵卵。

地啄木鸟

英文名 | Ground Woodpecker   拉丁文名 | Geocolaptes olivaceus

地啄木鸟

攀禽／鴷形目／啄木鸟科／地啄木鸟属

　　我给这种啄木鸟命名为地啄木鸟，因为当其他啄木鸟在树上的时候，它总是在地面上；也就是说，它搜索并发起和隐蔽的幼虫的战争，地面上的幼虫和在树木体内大量繁殖的幼虫一样数量众多。因此，这种啄木鸟并没有违背大自然的运作规律，是大自然赋予了它捕食树皮下害虫的本领；但根据每种昆虫的自然习性，这些森林益鸟们在不同的地方孕育是必要的。毫无疑问，大自然可以根据不同需求改变啄木鸟对自然的作用。

　　地啄木鸟从来不爬高。然而看起来矛盾的是，既然这种啄木鸟不需要攀爬，它的尾巴却并不比所有爬树的鸟儿更短。我先是在开普敦附近没有树的地区见到这种鸟儿。我很好地注意到它在地面上生存的方式，也很自然地猜测这种鸟儿的生活方式是被环境所限。它居住在没有树的地区，适应了在地里寻找生存食粮。但是接下来，我再次在树木繁茂的地区找到了同一物种。我从未见到它进入有大量其他种类啄木鸟的森林。我相信这种鸟儿很自然地在地上搜寻猎物，而不是在树上。在有很多树木分散分布的平原地区，我再次找到了这种地啄木鸟，我看到它们栖息在最低的侧枝上，用和所有其他鸟类一样的方式，但从不紧紧扣在任何一棵树的树干上；然而我们从未见到其他啄木鸟不是紧扣在树干或一根树枝上栖息的。

　　因此像我们说的那样，地啄木鸟在地面上搜寻它的猎物，会用爪子刮擦，用喙挖掘。它通过腮角金龟子、步行虫的幼虫，和所有把子孙后代藏在地下的昆虫发现它们惯于使用的洞；最后，它也用它鱼叉一样的长舌头，从幼虫们地下的洞底取出它们的食物，像其他啄木鸟在树上做的一样。

　　我们见过所有树上的啄木鸟分散觅食。在这里大自然仍修改了地啄木鸟的自然属性，使它更喜欢群居生活。不止是整个家庭生活在一起，而是好几个家庭聚在一起。它们总是相互陪伴着生活，会形成一个由30～40只个体组成的群落，有时较多，有时较少。不管是缺少食物还是食粮丰富，它们都能利用智慧谋生，减少不必要的奔波。

根据我们所说的，自然学家们很难通过单独一次观察，就判断出一只啄木鸟是在地上觅食的还是在树上觅食的。幸好我们还观察到地啄木鸟的喙更狭长，更圆，有点拱形的意思，上喙比其他啄木鸟更尖。但是，我们只在非洲找到一种地啄木鸟，认为这种特征一成不变地适合所有地啄木鸟群落不太谨慎。因此应该将所有被描述和对照的不同地区的啄木鸟放在一起比较。然而我们看遍所有不同种类的地啄木鸟，在陈列室集中做了观察研究。我们从它们之中认出一些拥有这样形状的喙的鸟儿，它们的确是非洲的地啄木鸟。同样在我们欧洲的啄木鸟中，我们发现绿啄木鸟的生活习性看起来最接近非洲的地啄木鸟。我们明确地看到它有着和地啄木鸟一样的觅食方式，它在地上寻找食物，而不是像其他啄木鸟那样在树上捕猎。因此我们自然地认为绿啄木鸟是地啄木鸟和攀爬啄木鸟两个种群之间的过渡物种。

非洲的地啄木鸟体型和我们欧洲的绿啄木鸟差不多。雄鸟的头部、颈部后方和侧面、背部、翅膀上方和尾巴上方的绒毛，是橄榄棕色。颈部比翅膀颜色浅，所有部分都带有细微的斑点，像浅黄褐色的细线。翅膀和尾巴，在橄榄棕的底色上，也有浅黄色的细线，但比所有其他地方更明显。喉部和颈部前方是白色的。这种白色略脏，呈浅黄褐色，同时带浅红色调，接近胸部的地方、胸甲中间也是红色的。臀部也是鲜艳的红色，我们注意到在尾巴上有一些深红色调。肋部、腿部和腹部下方的羽毛，以及尾巴下方的绒毛，是浅红黄褐色。爪子为棕色，眼睛为浅红黄色，喙为黑色，但总是被一层土褐色遮盖。

雌鸟比雄鸟小一点，它的颜色通常和雄鸟一样，然而，雌鸟身上颜色不那么突出。幼鸟身体上部的棕色带烟灰色，身体下部中央的红色不太看得出来，臀部的红色也很微弱；眼睛是灰色的。

我在走过的非洲很多地区都找到了这种地啄木鸟；它们总是栖息在山脉之间，尤其是干旱的被岩石覆盖的山脉。在那里这些鸟儿白天离开山岭，在平原上活动，晚上回到山上，在山洞里睡觉。它们同样也在山洞里养育雏鸟。雌鸟产5~8枚浅橙红色的卵，雄鸟和雌鸟轮流孵卵。

斑鼠鸟

英文名 *Speckled Mousebird*　拉丁文名 *Colius striatus*

斑鼠鸟

攀禽 / 鼠鸟目 / 鼠鸟科 / 鼠鸟属

该种类是我在非洲观察到的所有鼠鸟里体型最大的物种，也是在开普敦市附近最常见的鸟儿。雄鸟比雌鸟更大，从喙的尖端到尾巴根部接近330毫米长，单单是尾巴就有整个身体的两倍长。至于这种鸟儿的尺寸，可以和我们常见的云雀相比照。然而比照这两种鸟剥了皮的样本后，我们发现鼠鸟的体积要比云雀至少大1/3，也更重，因为相对于云雀，鼠鸟的羽毛并没有那么茂密蓬松。

头部、颈部后方和背部上方是浓烈的灰色。头部上方的羽毛很长，形成一种翻折的鸟冠。这一鸟冠可以自由地竖起，额头的羽毛是浅橙红色调。肩胛、翅膀上的所有绒毛、翅膀的长羽毛外侧部位、背部、臀部、尾巴上方的绒毛和长羽毛，都是统一的浅棕色调，随着角度的不同，或多或少地泛着灰色；只有尾巴最外侧的三根羽毛，外侧带着白色的花边。喉部、颈部前方和侧面、胸部和肋部也是浓烈的灰色，接近头部的位置带有浅棕色的细条纹；但这些条纹在喉部比其他位置更明显，使这个部位的色调更泛浅棕色，同时肋部混杂的浅橙红色调成为主色调，身体下方其他部分没有条纹，尾巴下方和背面的绒毛以及翅膀的绒毛也一样没有条纹。上喙为黑色，下喙为浅黄白色；趾甲和爪子为红棕色，眼睛为棕色。

雌鸟和雄鸟很相似，只是体型稍小一点，尾巴稍短一点。但幼年雄鸟的尾巴也没有老龄雄鸟那么长，如果不解剖，很难判断性别。

斑鼠鸟分布在开普敦附近，在斯瓦特兰和很多其他内陆地区十分常见。雌鸟产6～7枚白色的卵；巢是开放式的，呈球形，由柔韧的根组成，配有柔软的羽毛。这种鸟儿在最茂密且多刺的灌木丛中建造它们的巢。那里也是它们躲避猛禽的追捕和最喜欢居住的地方。斑鼠鸟的鸣啭，或者说是叫声，非常单调；它们藏在一丛茂密的灌木中，我们很难看到它们，可是这些鸟儿持续不断的"trit-trit"叫声总是会暴露自己。

当一群鼠鸟离开灌木顶端，飞向另一丛灌木的时候，它们总是一个接一个的走，像我说的那样。它们一个个带着长长的尾巴，看起来像是一簇数量众多的箭同时发出射向同一个目标，然后大部分落在目标的脚下。

我们的斑鼠鸟和布封在摩迪先生的陈列室里见到的斑鼠鸟是同一种类。这位自然学家给出的描述和我们的有点不同。在这里我要告知鸟类学家们，我敢于宣告，我在大自然中看到这种鸟儿，我的观点基于大自然，而不是根据布封不完整的描述。

我们确定索内拉特提到的巴纳伊岛上的鼠鸟，被布封和所有自然学家划归为不同的种类，其实仍属于我们的斑鼠鸟种类。我们也将索内拉特和我从非洲带回来的个体进行了对比。我们确认，无论是从体型还是颜色上，它们都没有些微的不同之处。

白背鼠鸟

英文名 | *White-backed Mousebird*　拉丁文名 | *Colius colius*

白背鼠鸟

攀禽／鼠鸟目／鼠鸟科／鼠鸟属

白背鼠鸟体型要小一点，比斑鼠鸟短。尽管它也有一条很长的分层明显的尾巴，但这条尾巴比斑鼠鸟的尾巴要窄。它的背部中央沿着整个身体的长度有一片狭窄的白色区域，这是这种鸟和其他鼠鸟最明显的不同。

它的头部饰有一个翻折的鸟冠，颈部、胸部、肩胛和翅膀上方的绒毛、翅膀上所有暴露在外的部分，以及尾巴上方，是一种漂亮的珍珠灰，配着浅浅的葡萄酒色调，胸部比其他地方颜色更明显。浅黑色的底色上有一片白色从背部的中央下降到臀部，臀部有一小束绛紫色的羽毛，紧接着的尾巴上方的绒毛、身体上方的绒毛是灰色的。腹部和翅膀下方以及尾巴下方的绒毛是白葡萄酒色的；尾巴的长羽毛的羽轴是白色的，最外侧四根羽毛的外侧羽支也是白色的。翅膀和尾巴的长羽毛内侧，以及翅膀和尾巴的背面是带黑色光泽的灰色。喙是灰白色，根部带有黑色；爪子为浅红色，眼睛为浅棕色。

雌鸟和雄鸟很相似，区别在于尾巴总是要短一点，雄鸟身上引人注意的葡萄酒色调在雌鸟身上不那么突出。在幼鸟时期，所有的羽毛的主色调是一种浅橙红色，幼鸟的尾巴比雌鸟还短；喙和爪子是浅棕色。

白背鼠鸟在加姆图斯河、布朗山口方向上和斯瓦特兰及内陆的许多地方，直到布法罗河都有大量的分布。它的巢外部由柔韧的根组成，是宽敞开放的，铺着柔软的羽毛；产5～6枚粉白色的卵。白背鼠鸟的鸣啭为"qui-wi, qui-wi, qui-wi"，整群鸟儿在飞行时加速重复这样的声调。

红脸鼠鸟

英文名 | *Red-faced Mousebird*　　拉丁文名 | *Urocolius indicus*

红脸鼠鸟

攀禽／鼠鸟目／鼠鸟科／长尾鼠鸟属

我给这种鼠鸟的命名表现了在它居住的所有地方我们都可以听到几乎持续不断的叫声(法语名为 coliou quiriwa，拟声)，这种叫声时时刻刻将它暴露给猎人。它和白背鼠鸟的体型相当，区别是它的尾巴更长，红脸鼠鸟的尾巴是身体的3倍长。我们还观察到，红脸鼠鸟尾巴上的长羽毛的羽支非常窄，因此尾巴比它的另外两个同类更锋利、也更窄。最后，这第三种鼠鸟以眼周裸露的浅红色肌肤作为特征，发情季时颜色比其他时候更深。红脸鼠鸟有一条浅黄褐色发带横贯额头，环绕整个头部上方，从鼻翼直到眼睛上方。一个漂亮如丝般的羽毛组成的鸟冠突然转向枕部后方，既装饰了头部又没有加重头部负荷。鸟冠的颜色是一种好看的浅蓝灰色，配着浅浅的浅黄褐色调，整个颈部后方及两侧也都是浅黄褐色的，背部、肩胛、臀部、翅膀上方所有绒毛、尾巴上方所有绒毛和翅膀所有长羽毛的外侧部分，以及尾巴上方的全部，都是蓝色的。但我们观察到这种蓝色带着或多或少更明显的水绿色甚至浅黄褐色的色调，根据光的入射不同而变化。喉部是浅黄褐色，整个颈部前方直到胸部，是浅蓝绿色，配着浅黄褐色。从胸部下方到腹部，羽毛是光滑的桃花心木的橙红色，腿部的羽毛和尾巴下方的绒毛都是浅蓝灰色的，配着浅黄褐色。最后，翅膀下方的绒毛、羽毛背面以及尾巴下方绒毛的背面，都是浅黄褐色的。喙的底色是浅红色的，爪子也一样；趾甲和喙的根部是黑色的，眼睛为红褐色。

雌鸟比雄鸟稍小一点，尾巴也更短，它的蓝色没有雄鸟明显。在第一次换羽期之前，鸟儿的整个身体上方，除了头部后方附近、耳朵和尾巴上方是浅蓝色的，其余都是橙红灰色。巢由和前两种鸟的巢同样的材料组成，也使用相同的建造方式。产4～6枚白色的卵，带棕色斑点。

红脸鼠鸟在整个撒哈拉沙漠以南地区有大量的分布，特别是加姆图斯河附近。那里是唯一让我同时找到三种鼠鸟的地区。我到达这条河河岸的时候，是该地区一种小水果大量成熟的时期。霍屯督人管这种水果叫 goiré。这种水果和我们的野生黑刺李差不多大。它能使人强烈腹泻，但吃起来味道十分好。鼠鸟非常喜欢吃它，大群鼠鸟在整个长满产这种水果的灌木的平原上聚集起来，我认为几乎所有非洲南部的鼠鸟都到齐了。在射杀了上千只鼠鸟之后，我们用各种酱汁烹调它们的肉，吃起来十分美味。

让人不得不注意到的是，在这么大的鸟类群落中，这三个种类的鼠鸟完全不混杂，每个群落只接受同一种类的个体。我们总是可以通过它们的叫声辨认出来，我们这篇写到的红脸鼠鸟在数量上占据优势。毫无疑问，布里松和布封，以及所有自然学家们写到的塞内加尔的冠鼠鸟，就是我们的红脸鼠鸟。但塞内加尔冠鼠鸟的名字，不适合这种鸟类。它显然不是唯一有鸟冠的鼠鸟，而且也在塞内加尔之外的地方存在。因此我想，一个展示它的叫声的名字更适合它。

非洲黄鹂

英文名 | *African Golden Oriole*　拉丁文名 | *Oriolus auratus*

非洲黄鹂

鸣禽／雀形目／黄鹂科／黄鹂属

在所有外国黄鹂中，非洲黄鹂最接近于我们常说的普通黄鹂。普通黄鹂在欧洲以及东印度气候下的其他地区，特别是中国广泛存在。

非洲黄鹂比我们的黄鹂体型要大；羽毛通常是很漂亮的最闪耀的金黄色；眼周有一块深黑色的斑点，在一侧展开直到嘴角，另一侧展开到耳朵。翅膀根部小的绒毛是和身体一样的黄色；最大的绒毛之中有一些绒毛的外侧边缘带有最深的黑色花边。翅膀的长羽毛的底色是哑光黑色，边缘为黄色，越接近背部，黄色的边缘越宽，因此最靠近背部的羽毛主要部分是黄色的。尾巴中间的两根羽毛是黑色的，根部呈圆形，每根羽毛的根部有一个黄色斑点。旁边羽毛的黑色稍浅，因此比前两根羽毛有更多的黄色，其他羽毛也一样，越向外黑色越浅，直到最外侧，羽毛完全是黄色的；喙和眼睛是深红棕色的，爪子是浅红棕色的。

雌鸟比雄鸟稍小，雄鸟漂亮的黄色部分在雌鸟身上是淡黄色的，带有橄榄绿色调。雌鸟身上的黑色也没有雄鸟那么纯净。幼鸟只有腹部和尾巴下方有淡黄色，其余的羽毛都是橄榄绿色，翅膀和尾巴带浅棕色。喙和爪子是棕色的，眼睛为灰褐色。

非洲黄鹂是非洲南部的候鸟，产蛋结束并养大雏鸟之后才到达非洲南部，在这里度过盛产水果的季节，之后返回；它长途跋涉，但不会经过撒哈拉沙漠以南地区。从开普敦离开时，我从未看到过一只非洲黄鹂。

这种鸟儿只喜欢待在大森林里，总是栖息在最高的树上。

雄鸟的鸣啭十分接近欧洲的黄鹂，然而有比欧洲黄鹂的鸣声更多的变化；不过和所有其他鸟类一样，在发情季，它很可能有不同的鸣啭。我听到的也许是发情季的鸣啭。

这种鸟儿不在我到过的那些非洲地区筑巢。我不认识它的巢，也不认识它的卵。它似乎在靠近多哥的地区筑巢。至少我收到了几只从那边寄来的样本。

东非黑头黄鹂

英文名 *Eastern Black-headed Oriole*   拉丁文名 *Oriolus larvatus*

东非黑头黄鹂

鸣禽／雀形目／黄鹂科／黄鹂属

这种黄鹂是唯一一种在非洲南部筑巢的黄鹂属鸟类，它们在那里度过一年当中的大部分时间，然而随着水果成熟，它们会涌向每一片繁茂的树林。

雄鸟整个头部包裹着一顶哑光黑色的风帽，从前方环绕整个颈部，降到胸部，在那里结束于一个漂亮的黄水仙色底色上。这只鸟儿整个身体下部，包括腿部的羽毛、尾巴下方的绒毛和翅膀下方的绒毛，都是黄水仙色的。颈部后方也是同样的黄色；但这一黄色随着在背部下降带有越来越深的浅橄榄绿色调，肩胛上、翅膀上方所有绒毛、臀部、尾巴上方的绒毛、以及尾巴中间的四根长羽毛都是浅橄榄绿色的。翅膀的第二根长羽毛是水洗黑色的，外侧边缘是浅黄色的；中间的羽毛有着同样的底色，边缘是更浅的橄榄灰色，最后的羽毛是橄榄绿色。大的绒毛和长羽毛同样形状，覆盖翅膀第一根长羽毛的羽轴是黑色的，末端都是白色的。尾巴两侧的四根长羽毛内侧是黑色的，外侧是黄色的；但越接近尾巴中间的长羽毛有着越多的黑色。喙和眼睛是红棕色的，爪子为铅色，趾甲为棕色。

雌鸟不仅比雄鸟小；颜色还更偏浅橄榄绿色，臀部是水洗黑色混杂着浅橄榄绿色调，喙是棕色的。

幼鸟的颜色比雌鸟更暗淡，除此之外，它橄榄灰色的风帽没有环绕头部，也没有像雌鸟那样降到颈部前方；幼鸟身体下方、胸部通常是炽热的橄榄绿色。

东非黑头黄鹂在非洲东海岸的所有森林里有着大量的分布，自从布拉克河——在那里我们开始见到它们——直到撒哈拉沙漠以南的广大区域；但我们只能在大的树林里找到它们，它们在最高的树上筑巢。巢由树木的嫩枝和柔软的根建成，外部覆盖着苔藓，内部铺着羽毛。雌鸟产4枚藏白色带棕色斑点的卵，在卵的大头方向，斑点看起来环绕了一圈。雄鸟和雌鸟一起孵卵，孵育期长达18天。

东非黑头黄鹂的歌声变化多端，我们总是以为听到了不同的鸟儿在歌唱。它像是要力求模仿所有其他鸟类的歌唱；然而，在发情季，雄鸟的歌唱似乎更单一。它栖息在最高的树顶,歌声传出了饱满的渴望。它以洪亮的嗓音愉悦地表达着感情,我们可以听出它变化的句子里的音节 coudougnan(法语名为 loriot coudougnan,拟声)。听起来很激烈,最后一个音节可以传得很远,回荡在整个森林里。它由于换气暂停时我们似乎还能听到回响。雌鸟比雄鸟温和,它热情的外部表现伴随着一种沉淀的啁啾,而在这一刻,这样的啁啾对所有有情人来说都是温柔的回报。

我们的东非黑头黄鹂和布封描述的名叫黑头林黄鹂的鸟是不是同一种类呢?我个人很倾向于相信它们是同一种鸟。根据这位自然学家同样的描述和我们收到的从塞内加尔和刚果寄来的鸟儿比较,我们发现它和我从非洲南部带来的东非黑头黄鹂没有任何区别。因此,该种类也在阿比尼西亚存在并不是件令人惊奇的事情。

非洲橄榄鸽

英文名 | African Olive-pigeon　　拉丁文名 | Columba arquatrix

非洲橄榄鸽

陆禽／鸽形目／鸠鸽科／鸽属

　　我已经在非洲鹰类的非洲冕雕章节提到过,它的猎物是这种非洲橄榄鸽,也提到过非洲橄榄鸽在树上飞行的特别方式,像是一连串的抛物线,每个抛物线都伴随着一种特殊的叫声,听起来像我们使用滑轮吊起重物时发出的声音。一直在守候的鹰最喜欢在这一时刻离开它潜伏的地方捕获这种喧嚣的鸟儿,它们很少可以逃离敌人致命的爪子。但我们的非洲橄榄鸽只在清晨和傍晚玩这个游戏。在炎热的白天,它们可以平静地栖息在最高的树上,或是跑遍整个森林,寻找它最喜爱的一种野生油橄榄树。它非常喜欢这种水果。因此在这一地带它被叫作 d'oliw-duyf,橄榄鸽。这种橄榄的外形、大小以及颜色和我们欧洲的橄榄一样,在非洲东岸的很多地区都有生长,非洲橄榄鸽可以将其整个吞下;在我们看到这种水果的地方,都一定可以找到成群的非洲橄榄鸽。它们绝不会错过果实的成熟期。到了这时,它们会成群结队地拜访这些地方。

　　非洲橄榄鸽和我们欧洲的野鸽体型相当,颜色却完全不同;毫无疑问,对于布封来说,这就是一个欧洲野鸽的变种。他让我们欧洲的鸟儿在各种气候下四处旅行,繁殖出大量如此不同的变种。它们的颜色和组成特征看来都不像是同一个祖先。在我看来,至少非洲橄榄鸽是一个独立的物种。我们在这里公布的图像准确地展示了非洲橄榄鸽的颜色。

　　非洲橄榄鸽在漂亮的国度——奥特尼夸的森林里大量分布。在发情季它们成对分开;但其他所有季节里它们成群地聚在一起。它们在树上以和我们欧洲的野鸽一样的方式筑巢,产2枚全白的卵;幼鸟经过13~14天孵化期后孵出,是十分美味的菜肴。我只在有大的树林里见过这种鸟儿,尽管它们也散布在平原上,以种子为食。

斑鸽

英文名 | *Speckled Pigeon*　拉丁文名 | *Columba guinea*

斑鸠

陆禽 / 鸽形目 / 鸠鸽科 / 鸽属

这第二种非洲野鸽比第一种要小，体型接近我们欧洲的原鸽。爱德华已经对这一种类进行了描述并绘制了图像，他将其命名为三角斑鸠。《鸟类史》里面指出它和非洲橄榄鸽一样，也带有白色三角形斑点。但在斑鸠身上这些斑点只分布在翅膀上侧的中型和小型绒毛红棕色的底色上；整个身体下部是统一的烟灰色，头部、面颊和喉部也一样；颈部前后的羽毛是分叉的，为棕红葡萄酒色，臀部也是同样的颜色。翅膀和尾巴的长羽毛是棕色的，边缘为水洗灰色；最后，喙和趾甲是浅黑色的，眼睛是红色的，眼周裸露的肌肤和爪子也都是红色的，不过是红葡萄酒色。雌鸟比雄鸟稍小，色调也不那么明显。

斑鸠在开普敦殖民地被命名为 bosch duyf(林鸽) 或 wilde duyf(野鸽)，这是荷兰人给欧洲野鸽的命名。这种鸟类在开普敦附近所有地区都有大量的分布。在内陆我们种植小麦和大麦的地方，这些鸟儿也成群的大量存在；因此它们是非洲种植者的灾难。白天它们总是在平原上活动，并不返回树林，但它们会在树木繁茂的地带过夜；在没有树木的地方，它们则在岩石间休息；因此根据它们分布的地区不同，它们分别在树上或岩石中筑巢。产2枚白色的卵。

非洲鸽

英文名 | *African Lemon-dove*　拉丁文名 | *Columba larvata*

非洲鸽

陆禽／鸽形目／鸠鸽科／鸽属

这种非洲的斑鸠，我除了在奥特尼夸人的国度找到过之外，从没有在其他的地方找到过。它的特征是额头、面颊和喉部被一副白色面具包裹，同时整个颈部、胸部和背部、臀部是红棕色的，根据光入射的不同，闪动着绛紫色、绿色或铜绿色的光芒。身体下部和尾巴下侧的绒毛是统一的橙红色。

翅膀的长羽毛有浅黑色的底色，外侧边缘是浅蓝灰色的，尾巴的长羽毛也是一样的；喙为浅蓝色，爪子是红葡萄酒色的，眼睛为橙色。雌鸟和雄鸟的区别只是颜色没有那么纯净。

非洲鸽只在大的树林里生活；非常难以射杀，因为它们总是休憩在地面上，我们很难通过茂密的丛林看到它们；当它们感到我们的逼近，被迫离开休息地时，我们常常可以听到它们飞起时发出很大的声音，然而还是无法看到它们。这是因为它只在低矮的树枝或灌木中栖息，它在树枝分叉处筑起扁平的巢，只产2枚浅黄褐色的卵。

如我们所见，这种斑鸠在习性上，是鸽子和鹩鸽之间的一个小过渡。

棕斑鸠

英文名 | *Laughing Dove*　　拉丁文名 | *Streptopelia senegalensis*

棕斑鸠

陆禽 / 鸽形目 / 鸠鸽科 / 珠颈斑鸠属

棕斑鸠如此命名(法语 tourterelle mailée, 意为网斑鸠), 是因为它头部和整个颈部是好看的红葡萄酒色, 在胸部带浅红色调, 由黑色斑纹做出令人愉悦的"之"字形变化, 形成松散的网状。身体下方是珍珠灰色, 总是十分闪耀, 越向下颜色越浅, 尾巴下侧的绒毛是纯净的白色; 背部是浅橙红色, 翅膀中间的大绒毛也是这个颜色。翅膀前方和后面的绒毛是好看的浅蓝灰色; 翅膀大的长羽毛和呈圆形的尾巴上的长羽毛内侧是浅黑色, 外侧带着灰色光泽。喙是黑褐色, 尖端方向带浅黄色。眼睛为橙色, 爪子为浅红色。

雌鸟比雄鸟稍小, 颜色没那么鲜艳。这种斑鸠生活在非洲西岸; 我们最初在卡米山的方向见到它们, 一直到大纳玛夸兰人的地区还能发现它们的踪影。在科西湾的岸边到处可以看到它们的身影; 但在除了奥兰治河岸边和贡达河岸边以外的地方这种鸟儿并没有大量的存在。棕斑鸠像我们的斑鸠一样, 在树上筑巢, 产2枚白色的卵。它的体型和欧洲常见的斑鸠差不多, 也发出类似的"咕咕"声。

这种鸟儿也存在于塞内加尔, 我见到的几只被带到欧洲来的个体, 和我在好望角附近射杀的棕斑鸠一模一样。布里松描述的孟加拉斑鸠, 布封仍把它作为欧洲斑鸠的一个变种。它实际上就是我们说的棕斑鸠。

绿点森鸠

英文名 | *Emerald-spotted Wood-dove*   拉丁文名 | *Turtur chalcospilos*

绿点森鸠

陆禽／鸽形目／鸠鸽科／森鸠属

这种漂亮的斑鸠翅膀上侧一些大的绒毛末端带有绿色的斑点，是闪耀的祖母绿色，我们根据它的物理特征为它命名。它比欧洲的普通斑鸠至少小1/3，尾巴是圆形的，很短，和欧洲的斑鸠不同。

头部上方是浅蓝灰色，额部带点白色，喉部是白色的。颈部、胸前和胸骨上的所有羽毛是紫红色或酒红色的，向腹部下方的方向和尾巴下方的绒毛泛白色。颈部后方、背部和翅膀是葡萄酒棕色。臀部为葡萄酒灰色，有两片浅黑色穿过臀部。尾巴中间的长羽毛在灰色的底色上有相同的两片黑色。翅膀长羽毛的内侧以及背面是肉桂的橙红色。喙是黑褐色。眼睛为浅红色，爪子为葡萄酒红色。

雌鸟比雄鸟稍小，和雄鸟很相似，不过雌鸟翅膀上的绿色斑点更小。

绿点森鸠在加姆图斯河、卢利河和范斯滕河方向有大量的分布。我们也在小鱼河和大鱼河的河岸，以及整个撒哈拉沙漠以南地区见到很多只样本。它在灌木丛中或萌芽条的分叉上筑巢，产2枚白色的卵。雄鸟的咕咕声很动人，是一连串忧郁的"cou-cou cou-cou"，有点上气不接下气的重复，声音缓缓降低。这种声调飘浮在周围的空气中，尽管这种鸟儿不太怕人，经常在人们身边咕咕叫，但我们却不容易辨认出它们具体来自哪边。

白胸森鸠

英文名 | *Tambourine Dove*　　拉丁文名 | *Turtur tympanistria*

白胸森鸠

陆禽 / 鸽形目 / 鸠鸽科 / 森鸠属

我们在一定距离之外听到这种鸟的咕咕声时，很容易误会这是一只铃鼓，它的叫声模拟得很成功，我们叫它 Tambourette(法语有"铃鼓"之意)。白胸森鸠和绿点森鸠外形相同，但整个身体前方颜色却不同。它的额部被一条白色带子环绕，眼睛附近白色的眉毛延长到耳朵。这种鸟类的身体下方，从喉部起，直到尾巴下侧的绒毛，都是纯净的白色。背部、翅膀和尾巴，总之它的身体上方，是浅橄榄棕色，和绿点森鸠的同样部位很相似。因为它在向臀部的方向也有两片浅黑色，翅膀的长羽毛内侧是橙红色，翅膀上也有斑点。但在这里这些斑点不是绿色的而是蓝色的。

雌鸟相比雄鸟纯净的白色要暗淡一点；除此之外，两种性别的鸟儿很相似。喙是黑褐色的，眼睛为棕色。和绿点森鸠一样温柔且亲人，但白胸森鸠还要更活泼、活跃且适合野外生存。总之，我们射杀了200多只绿点森鸠，而我只获得了27只白胸森鸠。

白胸森鸠和绿点森鸠生活在一样的地区；但白胸森鸠喜欢在高大的树林里活动，在树上筑巢，产2枚白色的卵。

尼柯巴鸠

尼柯巴鸠

陆禽／鸠形目／鸠鸽科／尼柯巴鸠属

这种鸟我们取了阿尔宾描述时用的名字——尼柯巴鸠。爱德华在他的笔记里也用了同样的命名，他给出过一幅很不完整的图像，展现的是一只斑鸠苗条优雅的外形，但真实的这一物种远远不是这个样子。

尼柯巴鸠远远没有像爱德华在图像中描绘的那样苗条轻快的外形。它是一种矮壮沉重的鸟儿，身体肥胖厚实，尾巴短，翅膀呈圆形，爪子肥厚，带鳞片，和我们赞赏的狭义的鸽子——白鸽——优雅的外形明显相反。在我们检测外部比例时，我们发现这种鸟和公鸡母鸡有着很大相关性，同时，我们检查它的喙和自然状态下的羽毛，又听到了它发出的嗡嗡声，我们也看到了一只鸽子的特征。因此这表明我们看到了一个有趣的物种，它是一个混合物，一只公鸡和鸽子的合成物。

我在阿姆斯特丹阿摩绥夫先生的动物园里见到了17只这样的鸟儿。我承认，第一次看到它们在家禽饲养棚里，快步小跑或走在家禽之中时，我问了他这些是不是漂亮的母鸡。于是我很惊讶地得知这是一种叫尼柯巴鸠的鸟类。在看到爱德华的描述和图像之前我还不认识这种鸟儿。阿摩绥夫先生已经拥有这些鸟儿两三年了，他告诉我它们总是待在地上，以他投喂给家禽的种子为食。但它们也和其他家禽一样，吞食活动范围内找到的所有昆虫和蛙虫；晚上，它们用和母鸡一样的栖息方式睡觉，尽管他没有剪它们的翅膀，它们却从不飞起来；似乎身体太沉重，无法远距离飞行；而它们快步小跑时可以跑得非常快，步伐足够灵活。这些鸟儿第一次在欧洲度过冬天时，不习惯寒冷潮湿的气候，很难熬过去；但第一波寒流过去之后，我们明白了要让它们在很封闭、干燥的地方过夜，潮湿比寒冷更令它们损失惨重。

雌鸟通常比雄鸟更难以适应新气候，这影响了这种鸟儿的繁殖。它们已经产下几枚白色的卵，这些卵的大小和鸡蛋差不多。阿摩绥夫先生把这些卵拿给母鸡尝试孵化了几次，都没有成功孵育出雏鸟。然而，他并没有失望。据他所说，这些鸟儿需要时间适应欧洲的生活环境。在他饲养了这种鸟儿四五年之后，他得到了幼鸟。尼柯巴鸠终于丰富了荷兰的家禽饲养棚。今天它们已经很容易地可以迅速大量繁殖，和在寒冷地区生活得很好的普通家禽一样。

我也应该力求使这种鸟儿在我们这里迅速大量繁殖，像在家禽饲养棚里的鸟儿一样将该种类永久地延续下去；它长有很多脂肪，是一种美味的菜肴。阿摩绥夫先生很好心地寄给我两只鸟儿，但它们不幸被一只进入鸟栏的鼬咬死了。我从而进行了一次获得了丰厚的脂肪的解剖。在餐桌上，它和最好的家禽养肥后一样可口。

我在烤架尝试着烤了一块从它胸口上扯下来的肉，闻到一种甘美的气味。我品尝了这块肉，觉得和我们的鸡肉有着一样的好口味。只是它的颜色不是鸡肉那样的白色。

尼柯巴鸠有着和一只中等大小的母鸡差不多的尺寸和力量，肉量也很多。它的尾巴出奇的短，长羽毛只略微超过尾巴上下两侧的绒毛，很宽大的翅膀可以完整地将之隐藏起来。因此这种鸟儿的外形很笨重，不那么优雅。但所有这些被丰厚的羽毛和一个由长长的逐渐变细长的羽毛组成的优雅的颈羽补偿了，颈羽从颈部后方开始生长，在背上浮动，在胸部两侧重新悄悄垂下，垂向翅膀根部的方向。这些羽毛很好地模仿了在家禽饲养棚里的公鸡，颜色非常闪耀，根据光入射角度的不同，带有金色、绿色、紫色和铜绿色的色调；头部和颈部高处以及喉部是非常短的黑色羽毛，有时反射着蓝色或深紫色的色调。翅膀的绒毛有几个部分闪耀着和颈羽一样的光泽，其他羽毛都是统一的亮绿色，臀部和尾巴上侧的绒毛也一样。整个身体下方是暗绿色的，在阴影处看起来是黑色。翅膀的长羽毛内侧是一种浅蓝黑色，尾巴的长羽毛是纯白色的。喙和趾甲是黑色的，爪子是暗淡的灰色，眼睛为橙棕色。

雄鸟和雌鸟之间的区别很少，不解剖就无法区分。然而，雌鸟通常看起来比雄鸟更小。我解剖的两只个体是两只雄鸟。阿摩绥夫先生自己只能确定地给我指出唯一一只他可以确定性别的雌鸟。他有一次很惊讶地看到它在产卵，之后为了认出它，他不得不给它做了个记号。

蓝凤冠鸠

英文名 | Western Crowned-pigeon　拉丁文名 | Goura cristata

蓝凤冠鸠

陆禽 / 鸽形目 / 鸠鸽科 / 凤冠鸠属

很可能是荷兰人最先将这个漂亮的物种从班达海带回欧洲，并命名为 kroon duyf(冕鸽)的，布里松将其命名为冕雉，证实了这位自然学家在我们之前就已经注意到这一物种和某些鸡形目鸟类之间的同类性；他将之命名为雉，在雉属中又和凤冠雉放在一起。我们一方面发现它和凤冠雉有很大的相关性，同时它和鸽子也很相似，比如喙的外形和一种喑哑的咆哮声上。我们将它放在鹑鸽家族，命名为蓝凤冠鸠。

凤冠雉不仅已经在荷兰繁殖，而且我们通过它们和不同物种杂交得到了繁殖力强的新品种。这些新品种比它们的祖先更容易迅速大量繁殖，给美食家们提供令人愉悦的食物。花时间照料这种新品种是有利可图的。不幸的是，我们在蓝凤冠鸠上做了同样的尝试，直到现在还没有成效。我们只成功驯服了这种鸟儿，并能够使它们活过荷兰最严峻的冬天。但我们从未见过雄鸟或雌鸟渴望繁衍。没有一只雌鸟在我们的气候下产卵。像我说过的那样，荷兰潮湿寒冷的气候使这些实验变得更难、更漫长，在其他位置更好的国家效果应该会更好，比如法国；但在法国，大人物和富人们还没有展现出任何对建立动物园以供消遣的兴趣。

雄性蓝凤冠鸠的身体和一只印度母鸡差不多大；它在正常的丰腴状态下重达12 ~ 14千克，很肥的时候，可以达到18 ~ 20千克。它有很多的脂肪。白色的肉在可口程度上绝不输给火鸡。税务官伯尔斯先生在他开普敦的家禽饲养棚里饲养了很多这种鸟儿。一天心血来潮，我们杀掉了用熬的米糊养肥的一只蓝凤冠鸠，美食家们发现它如此美味。从那时起，我们就向鸟栏里的所有蓝凤冠鸠伸出了魔爪。

雌鸟比雄鸟稍瘦一点，它的鸟冠也没有那么丰满高大；除此之外，它们的颜色相似。

珠斑鸺鹠

英文名 | *Pearl-spotted Owlet*　拉丁文名 | *Glaucidium perlatum*

珠斑鸺鹠

猛禽／鸮形目／鸱鸮科／鸺鹠属

这种漂亮的非洲猫头鹰是鸮类中的一个新种类。我们将之命名为珠斑鸺鹠是为了和之前这套书中描述的叫花头鸺鹠的鸟儿区分开来。它的主要特征如下：通过羽毛底色的浅橙红色和白色的斑点，在暗处看起来是黑色的，像规则的圆形珍珠，散布在头部和颈部后方，翅膀所有的绒毛，甚至尾巴的长羽毛上，有相似但更大的斑点装饰。面颊和喉部是白色的，这个暗黑的白色覆盖了颈部前方，颈部下方有一条色彩斑驳的黑色羽饰，在两侧铺展开来，在它休息的状态下，黑色直插入翅膀基部。胸部在橙红底色上有火烧般的黑褐色，余下身体下部所有部位都是白色底色上带有橙红褐色。跗骨和爪趾由白色绒毛覆盖。翅膀的所有长羽毛末端都在浅黑的底色上带有一条白色花边，在长羽毛的内侧是一片橙红色。喙和趾甲是浅黄褐色的。我们不知道它眼睛的颜色。

这种漂亮的鸟是雷·德·布鲁克勒瓦德先生陈列室的财产，是从塞内加尔带回来的。

灰头丛鵙

英文名 | Grey-headed Bush-shrike   拉丁文名 | Malaconotus blanchoti

灰头丛鵙

鸣禽／雀形目／丛鵙科／丛鵙属

这个新品种属于狭义的伯劳。它和我们的红斑鸫体型相当，因此比我们欧洲的任何一只伯劳都大。整个头部上方和颈部后方是深灰色的，额头方向泛白色，在接近背部的地方混杂着浅橄榄绿色，背部、臀部和尾巴上方是橄榄般的黄绿色；翅膀的小绒毛也是同样颜色，但大部分绒毛的末端是一种硫黄色，尾巴的长羽毛也一样。翅膀的长羽毛的底色是浅黑色，外侧也带有同样为硫黄色的花边。整只鸟儿的身体下方，从喉部直到尾巴下方的绒毛，都是赭黄色的。喙和爪子是铅灰色。

这种鸟儿是布朗肖先生从塞内加尔寄来的。他是这个殖民地的地方长官。现在灰头丛鵙已经成为阿姆斯特丹的雷·德·布鲁克勒瓦德先生陈列室的收藏。

南非食蜜鸟

英文名 | *Cape Sugarbird*　拉丁文名 | *Promerops cafer*

南非食蜜鸟

鸣禽／雀形目／非洲食蜜鸟科／非洲食蜜鸟属

现在所有的自然学家都承认这种鸟儿属于食蜜鸟属。我们很容易看到它舌头的形状属于花蜜鸟，因此现在恢复它大食蜜鸟(法语 grand sucrier，意为"大食蜜鸟")的名字。因为直到今天，我们没有发现比它体型更大的食蜜鸟。但如果我们发现一种或几个相同的鸟类甚至比它更大，那一定是海神花食蜜鸟，因为后一种鸟儿似乎比所有近亲们更喜爱海神花。这是一种漂亮的植物，硕大的花朵中含有丰富甘甜的汁液。通常所有食蜜鸟都以此为食，但南非食蜜鸟比其他鸟儿食用得更多。

南非食蜜鸟的单一颜色与其他花蜜鸟形成强烈对比，通常花蜜鸟都有十分漂亮的羽毛。因此它只能够通过非常长的尾巴引人注意。这实在是一种颜色暗淡的鸟儿：整个身体上部、翅膀和尾巴是浅橄榄棕色，混杂着几条更深的棕色斑纹，而身体下部白色的底色上带有浅橙红色，因此布封将其命名为斑腹棕食蜜鸟。嘴巴两侧有浅橙红棕色的胡须，喉部的底色是白色；臀部是橄榄绿色，尾巴下方的绒毛是黄色的；额部羽毛长而窄，边缘的形状像是被撕碎一样；尾巴很长，有12根长短差别明显的羽毛，最短的两根羽毛在侧面，只有41毫米长，中间最长的羽毛有差不多325毫米长；喙是黑色的，爪子和趾甲为棕色，眼睛为栗棕色。雌鸟比雄鸟小一点点，颜色相同；如果雌鸟的尾巴不是只有雄鸟一半长的话，我们完全无法区分性别；然而雄鸟只在发情季带有这个特性。冬天它的长尾巴会脱落，恢复到和雌鸟一样的尺寸；这个时候不解剖也很难区分性别。

南非食蜜鸟在开普敦市附近和整个非洲东岸有大量的分布。我们在这一地区到处都可以遇到它们，海神花开花的时候，食蜜鸟们像是开展大型竞赛一般聚集，开普敦的移民们叫这种鸟 phl staert(箭尾)。的确，当这种鸟迅速飞行时，它的长尾巴看起来就像一支箭一样掠过。其他人很简单的叫它 lange staert voogle(长尾鸟)；还有人叫它 suyker voogel met lange staert(长尾食蜜鸟)，最后也有 koning der suyker voogel(食蜜鸟王)这样的名字,因为在这个不同种类食蜜鸟的竞赛中,南非食蜜鸟看起来的确占有优势,比所有其他鸟儿都要强大,尽管它的羽毛很简单。

南非食蜜鸟在最茂盛的海神花灌木中筑巢。它的巢有着半球形的外形,外部用苔藓和地衣装饰,内部铺着动物毛发和茸毛。产4～5枚浅橄榄色的卵。我从未在高大的乔木林中遇到过南非食蜜鸟,这大概是唯一一种不进入乔木林的非洲食蜜鸟,尽管在整个奥特尼夸人的美丽国度它都有大量的分布。在西岸,我没见过它们越过卡米山。

我在开普敦期间,拥有过几只活的南非食蜜鸟,它们很容易被养熟。海神花的开花期里,我每天采集它们来喂食这些鸟儿。还有一种大的带着橙色花的荨麻也受很多花蜜鸟的喜欢;缺少这些的时候,我用在水里稀释的蜂蜜喂养它们;我很愉快地看到这些鸟儿将长长的舌头伸进花萼中或在杯子里吮吸甘甜的汁液。这种鸟儿也是我在返回欧洲的海上行程中保存时间最长的鸟类之一。

辉绿花蜜鸟

英文名 Malachite Sunbird　拉丁文名 Nectarinia famosa

辉绿花蜜鸟

鸣禽／雀形目／太阳鸟科／花蜜鸟属

霍屯督人给这种漂亮的非洲花蜜鸟取名为 tawa(胆汁)，因为它的颜色很像胆汁的绿色；但它们也叫一种蜂虎同样的名字，我们倾向于把本篇中的这种鸟儿称为辉绿花蜜鸟。

雄鸟成熟期时，羽毛的颜色像是婚礼的礼服一样，是一种漂亮的孔雀石一般的绿色，有着丝一般的质地。它的所有羽毛，除了一簇出现在翅膀下方的漂亮的黄水仙色的羽毛，包括尾巴上的长羽毛、长羽毛的中间的两根细线、以及翅膀上的长羽毛，都有着黑色的底色，外侧边缘是身体上一样的绿色。喙和爪子是黑色的；在喙和眼睛之间的部分，尽管是和其余的羽毛同样的绿色，光线的效果和这一部分羽毛的垂直形态却使它们看上去像是黑色。眼睛是深褐色。当发情季过去之后，雏鸟被孵出，雄鸟褪下它闪耀的羽毛，所有漂亮的羽毛一点一点地被死亡季的羽毛所取代，死亡季在悲伤的雨季中开始。在这个季节，它不仅丢弃了漂亮的羽毛，甚至还褪去两根超过尾巴的细长尾羽，不过它依然和之前一样，尾巴上保持有12根羽毛。通常冬装的颜色表现在全身都是一种浅橄榄棕色，翅膀和尾巴上比其他地方的颜色更深，整个身体下方是浅黄色的。喙和爪子是浅棕色的；但在到达第二次换羽期之前，由于成熟程度不同，这只鸟儿在这一时期的羽毛是颜色斑驳的，漂亮的羽毛还没有脱落，冬装已经长出。因此在这一状态下，我们会很容易看到一大群完全不相似的个体，有些颜色深些，有些颜色浅些，有些在第一次换羽期，有些在第二次换羽期。当回到漂亮的季节——春天时，第二次成熟的雄鸟再次换上漂亮的外衣，我们之前描述过的它的结婚礼服，显然这第三次换装和第二次一样，变化是相同的，唯一的不同就是脱落的是冬装的羽毛，取而代之的是相对华丽的婚羽。

辉绿花蜜鸟的雌鸟和雄鸟如此不同，几个自然学家将雌鸟当成一个特殊种类来描述：雌鸟比雄鸟小，颜色非常接近雄鸟的冬装，细微的不同之处在于雌鸟的腹部不是黄色的，而是浅橄榄灰褐色的，翅膀和尾巴的长羽毛外侧带白色花边。爪子和喙是浅棕黑色的，眼睛为棕色。

雄鸟刚刚离巢的时候，和整年留守的雌鸟几乎一模一样，在任何季节都没有尾巴上的细线；但是，在第一次成熟期时，幼年雄鸟换上成年雄鸟的冬装；在第二次成熟期，接下来的春天，它漂亮的颜色也会脱落，和一只雌鸟守在一起，整年不分离，雄鸟和雌鸟分担筑巢、孵育雏鸟和喂养教育新一代的工作。它的巢是半球形的，由柔软的嫩枝组成，外部饰有苔藓，内侧饰有茸毛。产4～5枚浅绿色的卵；孵化期是18天。

辉绿花蜜鸟在开普敦市附近有大量的分布，它经常到植物园吮吸豆角、豌豆，特别是菜园蚕豆花中的汁液。我们也多次在海神花和一种金盏花的大荨麻上见到它。总之我们在整个东岸和内陆的很多地区都可以找到这种鸟儿。它们到处都有大量存在，一个猎人可以很容易地在一天之内射杀50只甚至更多鸟儿。只消拿着一棵它们喜欢的花或植物静静地坐着，就可以不停地射杀所有到来的鸟儿。这种鸟儿很不怕人。雄鸟除了非常令人愉悦的啁啾声之外，还时刻发出一个叫声，我们在很远的地方就可以听到。

荷兰移民叫这种花蜜鸟 groene suyker voogel（绿色花蜜鸟）。这种鸟儿会在荷兰的殖民地度过整年。

橙胸花蜜鸟

英文名 | *Orange-breasted Sunbird*　拉丁文名 | *Anthobaphes violacea*

橙胸花蜜鸟

鸣禽／雀形目／太阳鸟科／橙胸花蜜鸟属

这是布封提到过的一个种类，在他的描述里他称之为长尾旋木雀。它有紫色的风帽，布里松将它命名为好望角长尾小旋木雀；我们更名为橙胸花蜜鸟，它们更适合开普敦移民给它的橙色花蜜鸟的名字，不仅因为雄鸟有橙黄色的腹部，还因为他们见到这些鸟儿总是在橙色的花朵中吸食汁液。

布里松准确地描述了雄鸟的漂亮外衣，我们没有新的细节可以补充，我们给出的图像直观地展示了橙胸花蜜鸟的真实样貌。

雌鸟比雄鸟稍小，通常是橄榄绿色的，身体下方比上方更偏黄。喙、爪子和眼睛是棕色的。

在雨季，雄鸟脱落了尾巴上的两根细线，长出和雌鸟一模一样的羽毛；这时我们很难区分出两者，不过雄鸟比雌鸟稍大一点。

在第一次换羽期前，雄鸟和雌鸟完全一样。在这个状态下，它们身体上方为橄榄灰色，下方是浅黄橄榄色。

橙胸花蜜鸟在开普敦市附近和东岸沿岸有大量分布；它很喜欢待在山上，只在花开的季节才到花园里来，特别是甜橙树繁花盛开的时候。尽管它也吸食其他花蜜鸟喜欢的花儿，却还是更偏爱甜橙花。雄鸟的速度更快、更活泼、啁啾的鸣声更令人愉悦。

橙胸花蜜鸟在最多荫的灌木中筑巢；它的巢由植物芽上的绒毛制成，外部饰有地衣或者细小的苔藓。雌鸟产5枚卵，在浅蓝白色的底色上散布着小小的棕色斑点；孵化期是18天。

这种花蜜鸟终年都生活在同一地带，为了赶上每个地区的花期，它会跑遍每一片地方。

辉花蜜鸟

英文名 | *Shining Sunbird*　　拉丁文名 | *Cinnyris habessinicus*

赤胸花蜜鸟

英文名 | *Scarlet-chested Sunbird*　　拉丁文名 | *Chalcomitra senegalensis*

辉花蜜鸟

鸣禽／雀形目／太阳鸟科／双领花蜜鸟属

尽管花蜜鸟通常是非常闪耀的鸟类，毫无疑问，本篇中这种鸟儿是所有这种漂亮的鸟类里衣着最丰富的物种。羽毛非常闪耀，当太阳光照射在身上发出炫目的光芒时，每根羽毛都像是一面光洁的镜子。我忠诚的克拉斯首先发现了这种迷人的鸟儿。他起初告诉我它是"我们不能确定颜色的花蜜鸟"。

当辉花蜜鸟达到成熟状态时，雄鸟的头部和整个颈部是闪耀的紫色，全部配着天青石蓝色或绛红色，随着光入射的角度不同，这两种颜色似乎轮流占据头部和颈部。胸部和肋部有着同样的底色上，然而更暗，散布着朱红色混杂着金黄色和绿色的斑点，就像是烧的炽热的红色的煤在暗淡的底色上重新变得夺目，这种底色一直铺展到腹部下方和尾巴下方的绒毛上。背部、臀部以及尾巴上方的绒毛——展开几乎到尾巴的尽头——是闪耀的绿色，带着浓重的金色，翅膀上和尾巴上的长羽毛给它们镶了天鹅绒般黑色的框，看起来更加闪耀。喙和爪子是闪耀的黑色，眼睛是鲜艳的栗色。

朴实的雌鸟是土褐色的，整个身体上部都是统一的颜色，翅膀和尾巴上的棕色带有浅橄榄绿色调，尾巴侧面长羽毛的外侧边缘是暗白色的。身体下部颜色暗淡。喙和爪子是黑褐色的。

我还没有在雨季遇见过这种漂亮的鸟儿，我没有见到雄鸟的冬装；但很可能它不会整年保留闪耀的羽毛，因为它在幼鸟时期看起来完全和成鸟雌鸟一样。

漂亮的辉花蜜鸟居住在大纳玛夸兰人的国度，在大鱼河附近。我在有虫蛀的金合欢树干上找到了几个鸟巢。雌鸟产4~5枚全白色的卵。

赤胸花蜜鸟

鸣禽／雀形目／太阳鸟科／铜色花蜜鸟属

这种花蜜鸟得到了大自然的馈赠，为了繁殖它们可以变装，能够随心所欲的一下子展开所有丰富的羽毛，我们给了它一个昵称：普罗透斯(希腊变化无常的海神)。我们的火鸡，中国的三色雉、孔雀、白鹭，一些种类的极乐鸟和花蜜鸟等也都有类似的特征；但我们的赤胸花蜜鸟在某些方面和这些鸟儿也不同。赤胸花蜜鸟即使没有像它们那样展开极丰富的羽毛，也很容易被一眼认出。它可以随心所欲地利用羽毛的某些发光部分，在平常的状态下又可以将这些闪耀的羽毛隐藏起来。有一种非洲瞪羚，开普敦的移民叫它 pronke bock，它可以通过用力收缩臀部的肌肉，露出藏在其他毛发之下的白色毛发，使这一部位完全变成白色。通过差不多类似的方式，我们的赤胸花蜜鸟也能够进行换装，或者说，借助某些时刻突然闪耀的羽毛，使外表更好看。

赤胸花蜜鸟的颈部前方和胸部是一种漂亮的鲜红色，这是这些部位唯一的颜色。在这种鸟儿自然的状态下，这些羽毛都乖巧地伏着；但当雄鸟被寻欢作乐的渴望推动，企图吸引雌鸟的注意，它就会站起身来，通过抬起一点羽毛来伸长脖子。在这一刻，所有羽毛的光彩都焕发了出来，颈部和胸部的羽毛闪闪发光，漂亮的金绿色斑点变成蓝色，分布在身体中央，看起来像祖母绿和蓝宝石散布在绛紫色的底色上。额部环绕着一条金绿色的带子，喙的两侧在下颚边缘也有一条同样颜色的斑纹。头部上方和颈部后方，以及背部、臀部和整个身体上方是一种暗紫色，在阴影里看起来像是黑色。翅膀和尾巴是绛紫栗色；喙和爪子是黑色的；眼睛为浅红棕色。

这就是我们赤胸花蜜鸟的雄鸟在发情季的光彩；这一时期过去之后，所有闪耀的光芒就消失了，只剩下一种简单而单调的羽毛，与它谦虚的伴侣的外表十分接近。这种冬季羽毛是所有身体上方的部位有统一的浅灰褐色，翅膀和尾巴颜色更深一点。颈部前方和胸部是浅灰白色的底色上有类似棕色的灰白斑，紧接着身体下方的颜色全部都是浅灰白色。喙和爪子是黑褐色的。

雌鸟和雄鸟在冬装上没有不同，它的羽毛通常比雄鸟的色调更偏浅红，喙和爪子是棕色的。

我只在撒哈拉沙漠以南地区见过这种赤胸花蜜鸟；但它也存在于塞内加尔，以及非洲东岸和西岸的一些其他地方。尽管我在繁殖期的时候出去寻找，还是没能找到赤胸花蜜鸟的巢。这些鸟很可能将巢筑在树洞里，我在它们的羽毛上闻到了枯木的气味。

环颈直嘴太阳鸟

英文名 | *Collared Sunbird*　拉丁文名 | *Hedydipna collaris*

环颈直嘴太阳鸟

鸣禽／雀形目／太阳鸟科／直嘴太阳鸟属

我只在加姆图斯河附近找到过这种鸟儿，我们将它命名为加姆图斯太阳鸟。我们也更喜欢叫它蓝带太阳鸟(以上两者都是该鸟的法语命名，中文名为环颈直嘴太阳鸟)，雄鸟与雌鸟的区别在于雄鸟有一条环绕胸部的蓝色羽饰，而雌鸟没有。除此之外，雌鸟和雄鸟十分相似，头部、颈部后方、整个背部、臀部、翅膀上方的绒毛、尾巴上方的绒毛，甚至整个身体上方，都是一种泛金色的浅黄绿色，然而雄鸟比雌鸟颜色更鲜艳更闪耀。但是雄鸟的整个颈部前方也同样带有金色，结束于胸部之上的闪耀的蓝色羽饰，雌鸟没有这条羽饰，在同一部位，和整个身体下方一样，是一种硫黄色，雄鸟的整个身体下方是更鲜艳的黄色。雄鸟和雌鸟翅膀上的长羽毛都是黑褐色的，外侧边缘是金绿色的，喙和爪子为浅黑色，眼睛为棕色。

这种鸟儿以小群一起生活，每群包括亲鸟和同一窝的七八只雏鸟这样一个小家庭。它筑巢的时间很早，因为当我到达加姆图斯河时(我在那里停留了很长时间)，所有雏鸟已经孵化出来了。孵出的雏鸟有雄鸟和雌鸟，羽毛都和成年雌鸟一样，唯一的区别是背上光泽较少，身体下方颜色更暗。在冬季雄鸟蓝色的羽饰脱落，颈部前方和身体下部一样，最后褪变成和雌鸟一样的羽毛。

大双领花蜜鸟

英文名 | Greater Double-collared Sunbird　拉丁文名 | Cinnyris afer

大双领花蜜鸟

鸣禽 / 雀形目 / 太阳鸟科 / 双领花蜜鸟属

这种花蜜鸟在开普敦市附近有大量分布，我们命名为大双领花蜜鸟。从距非洲南部岬角一定距离的范围起，到东岸的大森林止，是这种鸟全年生活的地方，似乎森林形成了它的屏障。

在发情季，雄鸟的头部、整个颈部、背部和翅膀上方的绒毛，有一种泛着金色光芒的祖母绿色。有一条铜蓝色的羽饰，宽约2毫米，外侧边缘靠近金绿色的颈部前方，内侧边缘有一大片红色胸甲向下直到胸骨中央，环绕胸部。臀部以及尾巴上方的绒毛是最闪耀的绛紫蓝色；身体下方，从红色胸甲直到腹部下方，是橄榄灰色，尾巴下方的绒毛带着点白色。尾巴是有光泽的蓝黑色。翅膀的长羽毛，在黑褐色的底色上带有浅橄榄绿的边缘，翅窝有黄水仙色的斑点；最后，喙和爪子为黑色，眼睛为棕色。

雌鸟比雄鸟稍小，整个身体上方是烟灰褐色，翅膀和尾巴上比其他地方颜色更深；胸骨和肋部是橄榄灰色，腹部下方和尾巴下方带点灰白色。喙和爪子是浅黑褐色，眼睛为浅棕色。

雨季时，雄鸟和雌鸟的羽毛完全一样，不过腹部更偏浅黄色，翅窝下还保留着一点黄色，而雌鸟并没有黄色部分。雄鸟和雌鸟在第一次换羽期之前，通常所有上体表的羽毛是浅红灰色的，身体下方是橄榄灰色，喉部下方和尾巴下方的绒毛是浅白色的。

大双领花蜜鸟常去森林里，也会落到这些美丽国度中繁花盛开的平原上。它在树洞里筑巢，产4~5枚卵，卵壳为浅蓝色，有浅黄褐色的小斑点。

我们展示了该变种的一只衰老个体。它生命即将结束，不再拥有成熟期更新羽毛的能力（所有任何一只动物都有的能力）。它的羽毛经历长久的摩擦已经失去了闪耀的颜色。

大双领花蜜鸟的雌鸟整个身体上部都是烟灰色的，有金绿色斑点，身体下部是灰白色。

图书在版编目（CIP）数据

非洲鸟类 /（法）弗朗索瓦·勒·瓦扬著；武晓偲
译 . — 北京：北京理工大学出版社，2023.4
（世界鸟类百科图鉴）

ISBN 978-7-5763-2124-1

Ⅰ . ①非… Ⅱ . ①弗… ②武… Ⅲ . ①鸟类 – 非洲 –
图谱 Ⅳ . ① Q959.708-64

中国国家版本馆 CIP 数据核字（2023）第 032953 号

出版发行 / 北京理工大学出版社有限责任公司
社　　址 / 北京市海淀区中关村南大街 5 号
邮　　编 / 100081
电　　话 /（010）68914775（总编室）
　　　　　（010）82562903（教材售后服务热线）
　　　　　（010）68944723（其他图书服务热线）
网　　址 / http : // www. bitpress. com. cn
经　　销 / 全国各地新华书店
印　　刷 / 唐山富达印务有限公司
开　　本 / 710 毫米 × 1000 毫米　1/16
印　　张 / 111　　　　　　　　　　　　　　责任编辑 / 朱　喜
字　　数 / 1337 千字　　　　　　　　　　　文案编辑 / 朱　喜
版　　次 / 2023 年 4 月第 1 版　2023 年 4 月第 1 次印刷　　责任校对 / 刘亚男
定　　价 / 298.00 元（全 5 册）　　　　　　责任印制 / 李志强